"十三五"高等院校数字艺术精品课程规划教材

Animate CC 2019
核心应用案例教程

全彩慕课版

潘强 编著

人民邮电出版社

北京

图书在版编目（CIP）数据

Animate CC 2019核心应用案例教程：全彩慕课版 /
潘强编著. -- 北京：人民邮电出版社，2020.9（2024.6重印）
"十三五"高等院校数字艺术精品课程规划教材
ISBN 978-7-115-53775-1

Ⅰ．①A… Ⅱ．①潘… Ⅲ．①超文本标记语言－程序
设计－高等学校－教材 Ⅳ．①TP312.8

中国版本图书馆CIP数据核字(2020)第058184号

内 容 提 要

　　本书全面、系统地介绍了 Animate CC 2019 的基本操作方法和网页动画的制作技巧，包括初识
Animate、Animate CC 2019 基础知识、常用工具、对象与元件、基本动画、高级动画、动作脚本、
交互式动画、商业案例等内容。

　　书中内容的讲解均以案例为主线，通过制作案例，学生可以快速熟悉软件功能和艺术设计思路。
书中的软件功能解析部分使学生能够深入学习软件功能；课堂练习和课后习题可以拓展学生的实际
应用能力，提高学生的软件使用技巧。本书的最后一章精心安排了专业设计公司的 6 个综合设计实
训案例，力求让学生通过这些案例的制作，提高自身的艺术设计创意能力。

　　本书适合作为高等院校、职业院校 Animate 相关课程的教材，也可作为相关人员的自学参考用
书。

◆ 编　　著　潘　强
　　责任编辑　桑　珊
　　责任印制　马振武
◆ 人民邮电出版社出版发行　　北京市丰台区成寿寺路 11 号
　　邮编　100164　　电子邮件　315@ptpress.com.cn
　　网址　https://www.ptpress.com.cn
　　北京捷迅佳彩印刷有限公司印刷
◆ 开本：787×1092　1/16
　　印张：13.75　　　　　　　　2020 年 9 月第 1 版
　　字数：354 千字　　　　　　2024 年 6 月北京第 8 次印刷
定价：69.80 元

读者服务热线：(010)81055256　印装质量热线：(010)81055316
反盗版热线：(010)81055315
广告经营许可证：京东市监广登字 20170147 号

FOREWORD —————————— 前言

Animate CC 2019 简介

Animate CC 2019 是由 Adobe 公司开发的一款集动画创作和应用程序创作于一体的创作软件。它包含简单直观而又功能强大的设计工具和命令，不仅可以创建数字动画、交互式 Web 站点，还可以开发包含视频、声音、图形和动画的桌面应用程序以及手机应用程序等，简化了网页动画和应用程序的设计难度，为专业设计人员和业余爱好者制作出短小精美的动画作品和应用程序提供了很大帮助，深受网页设计人员和动画设计爱好者的喜爱。Animate CC 2019 是由 Adobe 公司开发的一款集动画创作和应用程序创作于一体的创作软件。它包含简单直观而又功能强大的设计工具和命令，不仅可以创建数字动画、交互式 Web 站点，还可以开发包含视频、声音、图形和动画的桌面应用程序以及手机应用程序等，简化了网页动画和应用程序的设计难度，为专业设计人员和业余爱好者制作出短小精美的动画作品和应用程序提供了很大帮助，深受网页设计人员和动画设计爱好者的喜爱。目前，我国很多院校的艺术设计类专业，都将 Animate 作为一门重要的专业课程。本书邀请行业、企业专家和几位长期从事 Animate 教学的教师一起，从人才培养目标方面做好整体设计，明确专业课程标准，强化专业技能培养，安排教学内容；根据岗位技能要求，引入了企业真实案例，通过"慕课"等立体化的教学手段来支撑课堂教学。同时在内容编写方面，本书全面贯彻党的二十大精神，以社会主义核心价值观为引领，传承中华优秀传统文化，坚定文化自信，使内容更好体现时代性、把握规律性、富于创造性。

作者团队

新架构互联网设计教育研究院由顶尖商业设计师和院校资深教授创立，立足数字艺术教育 16 年，出版图书 270 余种，畅销 370 万册。在出版的众多读物中，我们分享了丰富的专业案例、配套资源、行业操作技巧，高效细致的学习安排，为学习者提供足量的知识、实用的方法、有价值的经验，助力学习者不断成长；为教师提供课程标准、授课计划、教案、PPT、案例、视频、题库、实训项目等一站式教学解决方案。

如何使用本书

Step1 精选基础知识，快速上手 Animate

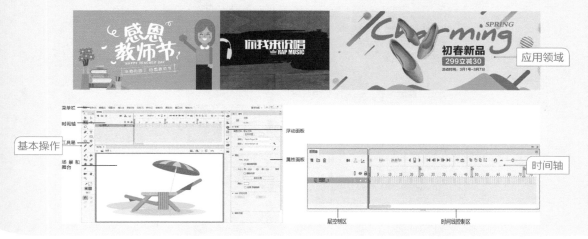

Step2 课堂案例 + 软件功能解析，边做边学软件功能，熟悉设计思路

6.2.1 **课堂案例——制作电饭煲广告动画**

介绍 Animate 的基本动画 + 高级动画 + 动作脚本 + 交互式动画 四大核心功能

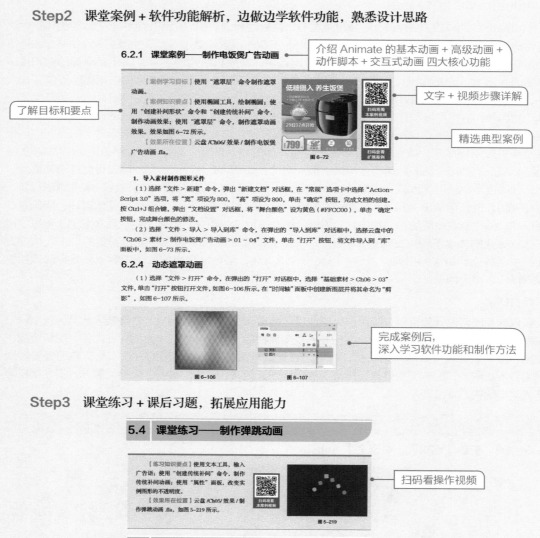

了解目标和要点

文字 + 视频步骤详解

精选典型案例

【案例学习目标】使用"遮罩层"命令制作遮罩动画。

【案例知识要点】使用椭圆工具，绘制椭圆；使用"创建补间形状"命令和"创建传统补间"命令，制作动画效果；使用"遮罩层"命令，制作遮罩动画效果。效果如图6-72所示。

【效果所在位置】云盘/Ch06/效果/制作电饭煲广告动画.fla。

图6-72

1. 导入素材制作图形元件

（1）选择"文件 > 新建"命令，弹出"新建文档"对话框，在"常规"选项卡中选择"Action-Script 3.0"选项，将"宽"项设为800，"高"项设为800，单击"确定"按钮，完成文档的创建。按Ctrl+J组合键，弹出"文档设置"对话框，将"舞台颜色"设为黄色（#FFCC00），单击"确定"按钮，完成舞台颜色的修改。

（2）选择"文件 > 导入 > 导入到库"命令，在弹出的"导入到库"对话框中，选择云盘中的"Ch06 > 素材 > 制作电饭煲广告动画 > 01～04"文件，单击"打开"按钮，将文件导入到"库"面板中，如图6-73所示。

6.2.4 **动态遮罩动画**

（1）选择"文件 > 打开"命令，在弹出的"打开"对话框中，选择"基础素材 > Ch06 > 03"文件，单击"打开"按钮打开文件，如图6-106所示。在"时间轴"面板中创建新图层并将其命名为"剪影"，如图6-107所示。

图6-106　　　图6-107

完成案例后，深入学习软件功能和制作方法

Step3 课堂练习 + 课后习题，拓展应用能力

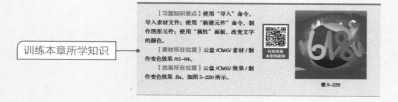

5.4 **课堂练习——制作弹跳动画**

【练习知识要点】使用文本工具，输入广告语；使用"创建传统补间"命令，制作传统补间动画；使用"属性"面板，改变实例图形的不透明度。

【效果所在位置】云盘/Ch05/效果/制作弹跳动画.fla，如图5-219所示。

图5-219

扫码看操作视频

5.5 **课后习题——制作变色效果**

【习题知识要点】使用"导入"命令，导入素材文件；使用"新建元件"命令，制作图形元件；使用"属性"面板，改变文字的颜色。

【素材所在位置】云盘/Ch05/素材/制作变色效果/01-04。

【效果所在位置】云盘/Ch05/效果/制作变色效果.fla，如图5-220所示。

图5-220

训练本章所学知识

Step4 综合实战，演练真实商业项目制作过程

配套资源

学习资源及获取方式：

● 所有案例的素材及最终效果文件。

● 全书慕课视频。登录人邮学院网站（www.rymooc.com）或扫描封面上的二维码，使用手机

号码完成注册，在首页右上角单击"学习卡"选项，输入封底刮刮卡中的激活码，即可在线观

看视频。扫描书中二维码也可以使用手机移动观看视频。

教学资源及获取方式：

● 全书 9 章 PPT 课件；

● 课程标准；

● 课程计划；

● 教学教案；

● 详尽的课堂练习和课后习题的操作步骤。

任课教师可登录人邮教育社区（www.ryjiaoyu.com），在本书页面中免费下载使用。

教学指导

本书的参考学时为 42 学时，其中实训环节为 14 学时，各章的参考学时参见下面的学时分配表。

章	课 程 内 容	学 时 分 配	
		讲 授	实 训
第 1 章	初识 Animate	1	
第 2 章	Animate CC 2019 基础知识	2	
第 3 章	常用工具	4	2
第 4 章	对象与元件	6	2
第 5 章	基本动画	4	2
第 6 章	高级动画	2	2
第 7 章	动作脚本	2	2
第 8 章	交互式动画	2	2
第 9 章	商业案例	5	2
学 时 总 计		28	14

本书约定

本书案例素材所在位置：章号 / 素材 / 案例名。如 Ch06/ 素材 / 制作手表广告动画。

本书案例效果文件所在位置：章号 / 效果 / 案例名。如 Ch06/ 效果 / 制作手表广告动画 .fla。

本书中关于颜色设置的表述，如：红色（#FF0000）。

由于编者水平有限，书中难免存在不妥之处，敬请广大读者批评指正。

课程介绍

编著者

2023 年 5 月

Animate CC

CONTENTS ————————————————— 目录

—01—

—02—

—03—

Animate CC

CONTENTS 目录

━ 05 ━

第5章 基本动画

Animate CC

—06—

—07—

—08—

CONTENTS 目录

09

第9章 商业案例

扩展知识扫码阅读

设计基础知识

1. 认识基本形体

2. 透视原理

3. 平面构成

4. 形式美法则

5. 点、线、面三大要素

6. 基本形与骨骼

7. 色彩

8. 图形创意方法

9. 版式设计

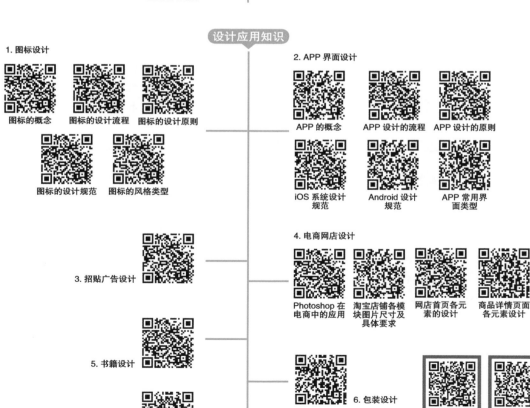

设计应用知识

1. 图标设计

图标的概念　图标的设计流程　图标的设计原则

图标的设计规范　图标的风格类型

2. APP 界面设计

APP 的概念　APP 设计的流程　APP 设计的原则

iOS 系统设计规范　Android 设计规范　APP 常用界面类型

3. 招贴广告设计

4. 电商网店设计

Photoshop 在电商中的应用　淘宝店铺各模块图片尺寸及具体要求　网店首页各元素的设计　商品详情页面各元素设计

5. 书籍设计

6. 包装设计

常用工具速查表　常用快捷键速查表

7. 网页设计

01

第1章

初识 Animate

▶ 本章介绍

　　在学习 Animate 软件之前，应首先了解一下 Animate，包含 Animate 软件简介、Animate 应用领域，只有认识了 Animate 的软件特点和功能特色，才能更有效率地学习和运用 Animate，从而为我们的工作和学习带来便利。

学习目标

● 了解 Animate 软件。
● 了解 Animate 的应用领域。

慕课视频

初识 Animate

1.1　Animate 软件简介

Animate 软件简介

Animate 是 Adobe 公司推出的一款功能强大的动画设计制作软件。应用 Animate 可以设计制作出丰富的交互式矢量动画和位图动画，制作的动画可以应用于动画影片制作、广告设计、网站设计、教学设计、游戏设计等领域。Animate 可以将动画发布到多种平台，可以在电视、计算机、移动设备上浏览。

1.2　Animate 应用领域

Animate 应用领域

随着互联网技术和 Animate 产品的发展，Animate 的应用领域越来越广泛，如将其应用于动画影片制作、广告设计、网站设计、教学设计、游戏设计等。下面我们分别介绍 Animate 动画技术的主要应用领域。

1.2.1　动画影片制作

Animate 作为动画影片的主要制作软件，可以制作出精美的矢量动画作品。使用 Animate 制作的动画作品，造型独特、内涵丰富、创造性强、有趣生动。有很多家喻户晓的动画影片就是使用 Animate 制作的，如图 1-1 所示。

图 1-1

1.2.2　广告设计

网络广告以其覆盖面广、方式灵活、互动性强等特点，在传播方面有着非常大的优势，得到了广泛的应用。在 Animate 中有多种广告模板，包括弹出式广告、告示牌广告、全屏广告、横幅广告等。应用 Animate 可以设计制作出丰富多样的动画广告，如图 1-2 所示。

图 1-2

1.2.3　网站设计

为了增加网站的动态效果和交互性，增强视觉表现力，可以使用 Animate 进行设计制作，包括制作引导页、为 Logo 和 Banner 添加动画效果、制作网页等，如图 1-3 所示。

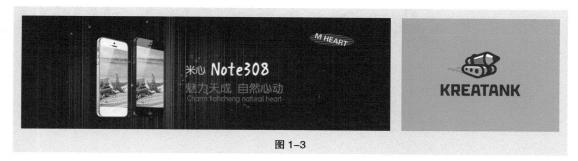

图 1-3

1.2.4　教学设计

随着教育信息化的不断深化，Animate 在教学设计中得到了广泛的应用。使用 Animate 不仅可以设计制作标准动画，也可以制作交互式课件。制作的课件体积小、表现生动、交互性强，如图 1-4 所示。

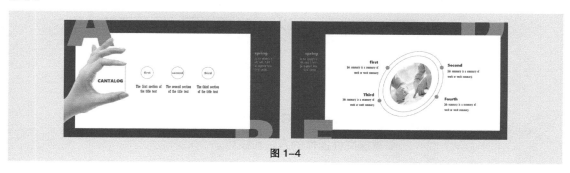

图 1-4

1.2.5　游戏设计

使用 Animate 设计制作的游戏，种类丰富、风格新颖、体积较小、互动性强且操作便捷，包括益智类、设计类、棋牌类、休闲类等，如图 1-5 所示。

图 1-5

02

第 2 章
Animate CC 2019 基础知识

▶ ## 本章介绍

　　本章将详细讲解 Animate CC 2019 的基础知识、基本操作和影片的测试与输出。读者通过学习可对 Animate CC 2019 有初步的认识和了解，并能够掌握软件的基本操作方法和技巧，为以后的学习打下一个坚实的基础。

学习目标

- 了解 Animate CC 2019 的操作界面。
- 掌握文件操作的方法和技巧。
- 了解影片的测试与优化。
- 了解影片的输出与发布。

技能目标

- 熟悉 Animate CC 2019 工作界面的各组成部分。
- 掌握文件新建、打开、保存的方法和技巧。
- 了解"首选参数"面板中的选项卡的设置方法。
- 掌握浮动面板和历史记录面板的运用方法和技巧。

慕课视频

Animate CC
2019 基础知识

2.1 Animate CC 2019 的操作界面

Animate CC 2019 的操作界面由以下几部分组成：菜单栏、工具箱、时间轴、场景和舞台、“属性”面板以及浮动面板，如图 2-1 所示。下面我们将一一介绍。

Animate CC 2019 的操作界面

菜单栏
时间轴
工具箱
场景和舞台
浮动面板
“属性”面板

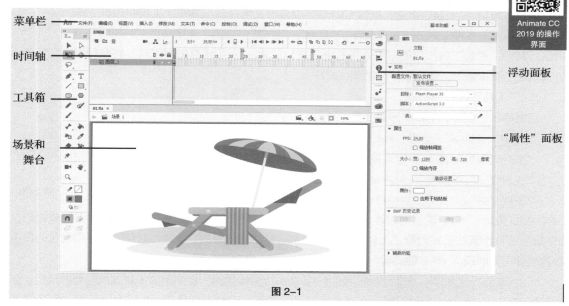

图 2-1

2.1.1 菜单栏

Animate CC 2019 的菜单栏依次分为“文件”菜单、“编辑”菜单、“视图”菜单、“插入”菜单、“修改”菜单、“文本”菜单、“命令”菜单、“控制”菜单、“调试”菜单、“窗口”菜单及“帮助”菜单，如图 2-2 所示。

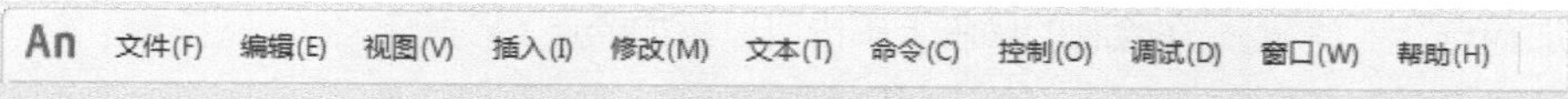

An
文件(F)
编辑(E)
视图(V)
插入(I)
修改(M)
文本(T)
命令(C)
控制(O)
调试(D)
窗口(W)
帮助(H)

图 2-2

“文件”菜单：主要功能是新建、打开、保存、发布、导出动画，以及导入外部图形、图像、声音、动画文件，以便在当前动画中进行使用。

“编辑”菜单：主要功能是对舞台上的对象以及帧进行选择、复制、粘贴，以及自定义面板、设置参数等。

“视图”菜单：主要功能是进行环境设置。

“插入”菜单：主要功能是创建图层、元件、动画以及插入帧。

“修改”菜单：主要功能是修改动画中的对象。

“文本”菜单：主要功能是修改文字的大小、样式、对齐方式以及对字母间距的调整等。

“命令”菜单：主要功能是保存、查找、运行命令。

“控制”菜单：主要功能是测试播放动画。

“调试”菜单：主要功能是对动画进行调试。

"窗口"菜单：主要功能是控制各功能面板是否显示，以及面板的布局设置。

"帮助"菜单：主要功能是提供 Animate CC 2019 在线帮助信息，包括教程和 ActionScript 帮助。

2.1.2 工具箱

图 2-3

选择"窗口 > 工具"命令，或按 Ctrl+F2 组合键，可打开工具箱。工具箱提供了图形绘制和编辑的各种工具，分为"工具""查看""颜色""选项"4 个功能区，如图 2-3 所示。其中，有些工具按钮的右下方带有小三角标记◢，表示还有拓展工具，将鼠标指针放置在工具按钮上，按住鼠标左键即可展开。

1. "工具"区

提供选择、创建、编辑图形的工具。

"选择"工具▶：选择、移动和复制舞台上的对象，改变对象的大小和形状等。

"部分选取"工具▷：用来抓取、选择、移动和改变形状路径。

"任意变形"工具▦：对舞台上选定的对象进行缩放、扭曲、旋转变形。

"渐变变形"工具▦：对舞台上选定对象的填充渐变色、变形。

"3D 旋转"工具◈：可以在 3D 空间中旋转影片剪辑实例。在使用该工具选择影片剪辑后，3D 旋转控件出现在选定对象之上。X 轴为红色的、Y 轴为绿色的、Z 轴为蓝色的。使用橙色的自由旋转控件可同时绕 X 和 Y 轴旋转。

"3D 平移"工具⚑：可以在 3D 空间中移动影片剪辑实例。在使用该工具选择影片剪辑后，影片剪辑的 X、Y 和 Z 3 个轴将显示在舞台上对象的顶部。X 轴为红色的，Y 轴为绿色的，而 Z 轴为黑色的。应用此工具可以将影片剪辑分别沿着 X、Y 或 Z 轴进行平移。

"套索"工具♀：在舞台上选择不规则的区域或多个对象。

"多边形套索"工具♉：在舞台上选择规则的区域或多个对象。

"魔术棒"工具✂：在舞台上根据颜色的范围进行区域选择。

"钢笔"工具✐：绘制直线和光滑的曲线，调整直线长度、角度及曲线曲率等。

"添加锚点"工具✎：在绘制的线段上单击可以添加锚点。

"删除锚点"工具✎：在锚点上单击可以删除锚点。

"转换锚点"工具⌐：用于转换锚点的方向。

"文本"工具T：创建、编辑字符对象和文本窗体。

"线条"工具╱：绘制直线段。

"矩形"工具▭：绘制矩形矢量色块或图形。

"基本矩形"工具▯：绘制基本矩形。此工具用于绘制图元对象。图元对象是允许用户在"属性"面板中调整其特征的形状。可以在创建形状之后，精确地控制形状的大小、边角半径以及其他属性，而无须从头开始绘制。

"椭圆"工具◯：绘制椭圆形、圆形矢量色块或图形。

"基本椭圆"工具◔：绘制基本椭圆形。此工具用于绘制图元对象。可以在创建形状之后，精确地控制形状的开始角度、结束角度、内径以及其他属性，而无须从头开始绘制。

"多角星形"工具●：绘制等比例的多边形（单击矩形工具，将弹出多角星形工具）。

"铅笔"工具 ✏️：绘制任意形状的矢量图形。

"画笔工具"工具 🖌️：绘制任意形状的色块矢量图形（颜色由笔触色决定）。

"画笔工具"工具 🖌️：绘制任意形状的色块矢量图形（颜色由填充色决定）。

"骨骼"工具 🦴：可以实现反向运动来制作人物动画效果。

"绑定"工具 🔖：可以调整骨骼与控制点之间的关系。

"颜料桶"工具 🪣：改变色块的色彩。

"墨水瓶"工具 🍶：改变矢量线段、曲线、图形边框线的色彩。

"滴管"工具 🖋️：将舞台图形的属性赋予当前绘图工具。

"橡皮擦"工具 🩹：擦除舞台上的图形。

"宽度"工具 〰️：用来修改笔触的宽度。

"资源变形"工具 📌：可以更好地控制手柄和变形结果。

2. "查看"区

可改变舞台画面，以便用户更好地观察。

"摄像头"工具 🎥：用来模仿摄像头的移动效果。

"手形"工具 ✋：移动舞台画面，以便用户更好地观察。

"旋转"工具 🔄：可以用来临时旋转舞台的视图角度，以特定角度进行绘制，而不用像自由变换工具那样，需要永久旋转舞台上的实际对象。

"时间滑动"工具 🔽：可以在舞台窗口中拖曳鼠标调整时间标签的位置。

"缩放"工具 🔍：改变舞台画面的显示比例。

3. "颜色"区

可选择绘制、编辑图形的笔触颜色和填充色。

"笔触颜色"按钮 ✏️：选择图形边框和线条的颜色。

"填充颜色"按钮 ⬛：选择图形要填充区域的颜色。

"黑白"按钮 🔳：系统默认的颜色。

"交换颜色"按钮 🔀：可将笔触颜色和填充色进行交换。

4. "选项"区

不同工具有不同的选项，通过"选项"区可为当前选择的工具选择属性。

2.1.3 时间轴

时间轴用于组织和控制文件内容在一定时间内播放。按照功能的不同，"时间轴"面板分为左右两部分，分别为层控制区、时间线控制区，如图 2-4 所示。时间轴的主要组件是层、帧和播放头。

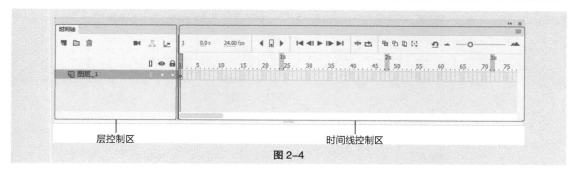

图 2-4

1. 层控制区

层控制区位于时间轴的左侧。层就像堆叠在一起的多张幻灯胶片一样，每个层都包含一个显示在舞台中的不同图像。在层控制区中，可以显示舞台上正在编辑作品的所有层的名称、类型、状态，并可以通过工具按钮对层进行操作。

2. 时间线控制区

时间线控制区位于时间轴的右侧，由帧、播放头、多个按钮及信息栏组成。与胶片一样，Animate 文档也将时间长度分为帧。每个层中包含的帧显示在该层名右侧的一行中。时间轴顶部的时间轴标题指示帧编号。播放头指示舞台中当前显示的帧。信息栏显示当前帧编号、动画播放速率以及到当前帧为止的运行时间等信息。

2.1.4 场景和舞台

场景是所有动画元素的最大活动空间，如图 2-5 所示。像多幕剧一样，场景可以不止一个。要查看特定场景，可以选择"视图 > 转到"命令，再从其子菜单中选择场景的名称。

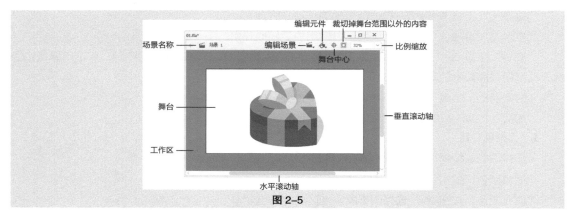

图 2-5

场景也就是常说的舞台，是编辑和播放动画的矩形区域。在舞台上可以放置、编辑矢量插图、文本框、按钮、导入的位图图形、视频剪辑等对象。舞台包括大小、颜色等设置。

在舞台上可以显示网格和标尺，帮助制作者准确定位。显示网格的方法是选择"视图 > 网格 > 显示网格"命令，效果如图 2-6 所示。显示标尺的方法是选择"视图 > 标尺"命令，效果如图 2-7 所示。

在制作动画时，还常常需要辅助线来作为舞台上不同对象的对齐标准。需要时可以从标尺上向舞台拖曳鼠标以产生蓝色的辅助线，如图 2-8 所示，它在动画播放时并不显示。不需要辅助线时，可从舞台上向标尺方向拖曳辅助线来进行删除。还可以通过"视图 > 辅助线 > 显示辅助线"命令，显示出辅助线。通过"视图 > 辅助线 > 编辑辅助线"命令，修改辅助线的颜色等属性。

图 2-6   图 2-7   图 2-8

2.1.5 "属性"面板

对于正在使用的工具或资源，使用"属性"面板，可以很容易地查看和更改它们的属性，从而简化文档的创建过程。当选定单个对象时，如文本、组件、形状、位图、视频、组、帧等，"属性"面板可以显示相应的信息和设置，如图 2-9 所示。当选定了两个或多个不同类型的对象时，"属性"面板会显示选定对象的组合，如图 2-10 所示。

图 2-9   图 2-10

2.1.6 浮动面板

使用面板可以查看、组合和更改资源。但屏幕的大小有限，为了尽量使工作区最大，Animate CC 2019 提供了许多种用户自定义工作区的方式，如可以通过"窗口"菜单显示、隐藏面板，还可以通过拖动面板左上方的面板名称，将面板从组合中拖曳出来，也可以利用它将独立的面板添加到面板组合中，如图 2-11 和图 2-12 所示。

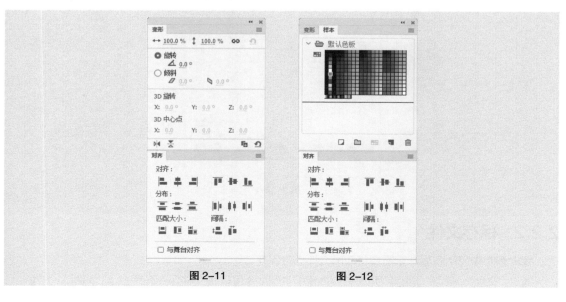

图 2-11   图 2-12

2.2 Animate CC 2019 的文件操作

2.2.1 新建文件

Animate CC 2019 的文件操作

新建文件是使用 Animate CC 2019 进行设计的第一步。

在 Animate CC 2019 软件中，没有任何文档打开时，文档必须通过欢迎页进行创建，欢迎页如图 2-13 所示。在欢迎页的中上方选择要创建文档的类型，在"预设"选项中选择需要的预设，也可以在"详细信息"选项中，自定义设置尺寸、单位和平台类型，设置好之后单击"创建"按钮，即可创建一个新文档，如图 2-14 所示。

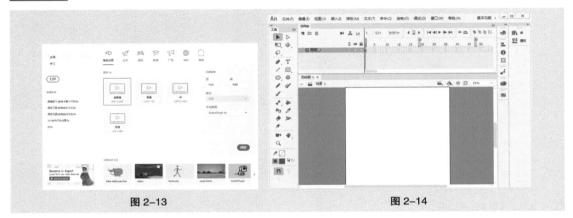

图 2-13   图 2-14

当有文档打开时，新文档可通过"文件"菜单命令进行创建。选择"文件 > 新建"命令，或按 Ctrl+N 组合键，弹出"新建文档"对话框，如图 2-15 所示。在对话框中进行设置，设置好之后单击"创建"按钮，即可创建一个新文档。

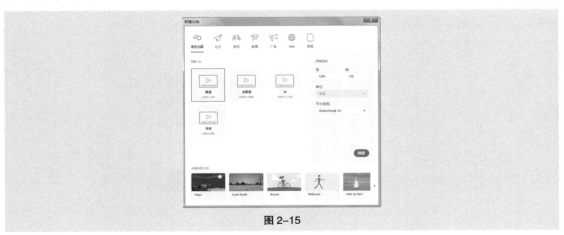

图 2-15

2.2.2 保存文件

编辑和制作完动画后，就需要将动画文件进行保存。

通过"文件 > 保存""另存为""另存为模板"等命令可以将文件保存在磁盘上，如图 2-16 所示。

当设计好作品进行第一次存储时，选择"保存"命令，弹出"另存为"对话框，如图 2-17 所示。在对话框中，输入文件名，选择保存类型，单击"保存"按钮，即可将动画保存。

图 2-16   图 2-17

知识提示

当对已经保存过的动画文件进行了各种编辑操作后，选择"保存"命令，将不弹出"另存为"对话框，计算机直接保留最终确认的结果，并覆盖原始文件。因此，在未确定要放弃原始文件之前，应慎用此命令。

若既要保留修改过的文件，又不想放弃原文件，可以选择"文件 > 另存为"命令，弹出"另存为"对话框。在对话框中，可以为更改过的文件重新命名、选择路径、设定保存类型，然后进行保存，这样原文件保留不变。

2.2.3 打开文件

如果要修改已完成的动画文件，必须先将其打开。

选择"文件 > 打开"命令，弹出"打开"对话框，在对话框中搜索路径和文件，确认文件类型和名称，如图 2-18 所示。然后单击"打开"按钮，或直接双击文件，即可打开所指定的动画文件，如图 2-19 所示。

图 2-18   图 2-19

多学一招

在"打开"对话框中，也可以一次同时打开多个文件。只要在文件列表中将所需的几个文件选中，并单击"打开"按钮，系统就会逐个打开这些文件，以免多次反复调用"打开"对话框。在"打开"对话框中，按住 Ctrl 键的同时，用鼠标单击可以选择不连续的文件；按住 Shift 键，用鼠标单击可以选择连续的文件。

2.2.4 导入文件

Animate CC 2019 可以导入各种文件格式的矢量图形、位图及视频文件。矢量格式包括 Adobe Illustrator 文件、EPS 文件和 PDF 文件。位图格式包括 JPG、GIF、PNG、BMP 等格式。视频格式包括 F4V 和 FLV 等格式。

1. 导入到舞台

（1）导入位图到舞台：当导入位图到舞台时，舞台上显示出该位图，位图同时被保存在"库"面板中。

选择"文件 > 导入 > 导入到舞台"命令，弹出"导入"对话框，在对话框中选择云盘中的"基础素材 > Ch02 > 03"文件，如图 2-20 所示。单击"打开"按钮，弹出提示对话框，如图 2-21 所示。

图 2-20   图 2-21

当单击"否"按钮时，选择的位图图片"03"被导入到舞台上。这时，舞台、"库"面板和"时间轴"面板所显示的效果如图 2-22、图 2-23 和图 2-24 所示。

图 2-22   图 2-23   图 2-24

当单击"是"按钮时，位图图片 03 ~ 05 全部被导入到舞台上。这时，舞台、"库"面板和"时间轴"面板所显示的效果如图 2-25、图 2-26 和图 2-27 所示。

图 2-25   图 2-26   图 2-27

知识提示 可以用各种方式将多种位图导入到 Animate CC 2019 中，并且可以从 Animate CC 2019 中启动 Photoshop 或其他外部图像编辑器，从而在这些编辑应用程序中修改导入的位图。可以对导入的位图应用压缩和消除锯齿功能，以控制位图在 Animate CC 2019 中的大小和外观，还可以将导入的位图作为填充应用到对象中。

（2）导入矢量图到舞台：当导入矢量图到舞台上时，舞台上显示该矢量图，但矢量图并不会被保存到"库"面板中。

选择"文件 > 导入 > 导入到舞台"命令，弹出"导入"对话框，在对话框中选择"基础素材 > Ch02 > 06"文件，如图 2-28 所示。单击"打开"按钮，弹出"将'06.ai'导入到舞台"对话框，如图 2-29 所示。单击"确定"按钮，矢量图被导入到舞台上，如图 2-30 所示。此时，查看"库"面板，可发现并没有保存矢量图"06"，如图 2-31 所示。

图 2-28　　　　　　　　　　　　　　　　图 2-29

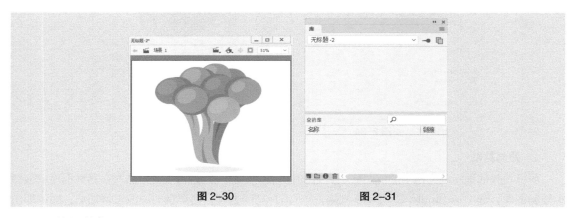

图 2-30　　　　　　　　　　　　　　　　图 2-31

2. 导入到库

（1）导入位图到库：当导入位图到"库"面板时，舞台上不显示该位图，只在"库"面板中进行显示。

选择"文件 > 导入 > 导入到库"命令，弹出"导入到库"对话框，在对话框中选择云盘中的"基础素材 > Ch02 > 03"文件，如图 2-32 所示。单击"打开"按钮，位图被导入到"库"面板中，如图 2-33 所示。

| 图 2-32 | 图 2-33 |

（2）导入矢量图到库：当导入矢量图到"库"面板时，舞台上不显示该矢量图，只在"库"面板中进行显示。

选择"文件 > 导入 > 导入到库"命令，弹出"导入到库"对话框，在对话框中选择云盘中的"基础素材 > Ch02 > 07"文件。单击"打开"按钮，弹出"将'07.ai'导入到库"对话框，如图 2-34 所示。单击"导入"按钮，矢量图被导入到"库"面板中，如图 2-35 所示。

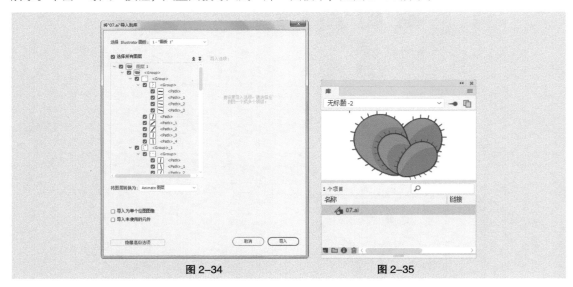

| 图 2-34 | 图 2-35 |

3. 外部粘贴

可以将其他程序或文档中的位图粘贴到 Animate CC 2019 的舞台中。方法为在其他程序或文档中复制图像，选中 Animate CC 2019 文档，按 Ctrl+V 组合键，将复制的图像进行粘贴，图像即出现在 Animate CC 2019 文档的舞台中。

4. 导入视频

Macromedia Flash Video（FLV）文件可以导入或导出带编码音频的静态视频流，适用于通信应用程序，例如视频会议、包含从 Adobe 的 Macromedia Flash Media Server 中导出的屏幕共享编码数据的文件。

要导入 FLV 格式的文件，可以选择"文件 > 导入 > 导入视频"命令，弹出"导入视频"对话框。

单击"浏览"按钮，弹出"打开"对话框。在对话框中选择云盘中的"基础素材 > Ch02 > 08"文件，如图 2-36 所示。单击"打开"按钮，返回到"导入"对话框。在对话框中点选"在 SWF 中嵌入 FLV 并在时间轴中播放"单选项，如图 2-37 所示。单击"下一步"按钮。

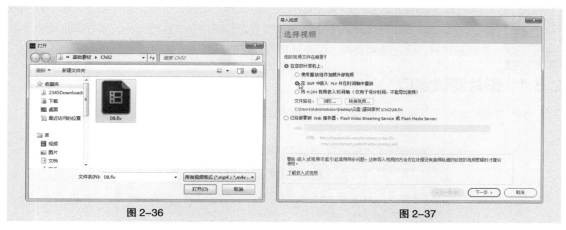

图 2-36	图 2-37

进入"嵌入"对话框，如图 2-38 所示。单击"下一步"按钮，弹出"完成视频导入"对话框，如图 2-39 所示。单击"完成"按钮完成视频的编辑。

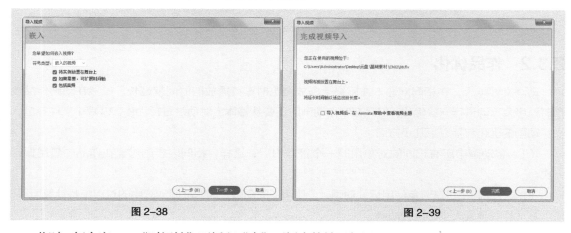

图 2-38	图 2-39

此时，舞台窗口、"时间轴"面板和"库"面板中的效果如图 2-40、图 2-41 和图 2-42 所示。

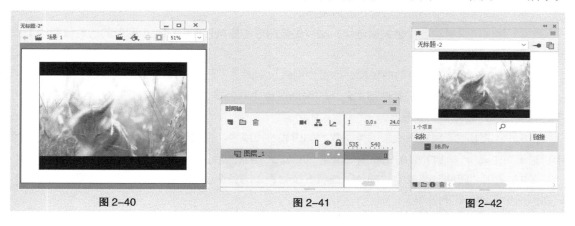

图 2-40	图 2-41	图 2-42

2.3 影片的测试与优化

影片的测试与优化

在动画的设计过程中，要经常测试当前编辑的动画，以便了解作品是否达到预期效果。如果动画要在网络环境中播放，还要考虑动画作品文件的大小，要在保证动画作品效果的同时，优化动画文件，保证其具有最好的网络播放效果。

2.3.1 影片测试窗口

选择"控制 > 测试"命令，或按 Ctrl+Enter 组合键，进入影片测试窗口，如图 2-43 所示。

图 2-43

2.3.2 作品优化

动画文件越大，在相同网速下在网络上播放浏览时等待播放的时间就越长。虽然在动画作品发布时程序会自动进行一些优化，但是在制作动画时还要从整体上对动画进行优化，以减小文件容量。

动画的优化包括以下几个方面。

（1）将动画中所有相同的对象用同一个符号引用，这样，相同内容的对象在作品中只用保存一次。

（2）在动画中尽量避免使用逐帧动画，多使用补间动画。因为补间动画中的过渡帧是计算所得，所以其文件容量大大少于逐帧动画。

（3）如果使用导入的位图，最好将位图作为背景或静止元素，尽量避免使用位图动画元素。

（4）对舞台中多个相对位置固定的对象建组。

（5）尽量用矢量线条代替矢量色块，减少矢量图形的复杂程度。如减少图形的边数或曲线上折线的数量。

（6）尽量不要将文字打散成轮廓，尽量少用嵌入字体。

（7）尽量少用渐变色，多使用单色。因为渐变色比单色多占用 50 个字节的存储空间。少使用不透明度，因为会减慢回放速度。

（8）尽量限制使用特殊线条的类型数，如虚线、点线等。实线比特殊线条占用的空间要小。使用"铅笔"工具 ✏ 绘制的线条比使用"画笔"工具 🖌 绘制的线条占用的空间要小。

（9）使用"属性"面板中"颜色"选项下拉列表中的各个命令设置实例，可以使同一元件的不同实例产生多种不同的效果。

（10）尽量避免在作品的开始出现停顿。在作品的开始阶段，要在文件容量大的帧前面设计一些较小的帧序列，在播放这些帧的同时，预载后面文件容量大的内容。

（11）对于动画的音频素材，尽量使用 MP3 格式，因为其占用空间最小，压缩效果最好。

（12）音频引用对象和位图引用对象的文件容量大，因此，避免在同一关键帧中同时包含这两种引用对象，否则可能会出现停顿帧。

2.4 影片的输出与发布

动画作品设计完成后，要通过输出或发布的方式将其制作成可以脱离 Animate CC 2019 环境播放的动画文件（并不是所有应用系统都支持 Animate 文件格式）。如果要在网页、应用程序、多媒体中编辑动画作品，可以将它们导出成通用的文件格式，如 GIF、JPEG、PNG 或 MOV。

影片的输出与发布

2.4.1 输出影片设置

选择"文件 > 导出"命令，其子菜单如图 2-44 所示。可以选择将文件导出为图像、动画、视频或影片。

图 2-44

"导出图像"命令：可以将当前帧或图像导出为一种静止图像格式，同时在导出时可以对图像进行优化处理。

导出图像（旧版）"命令：可以将当前帧或所选图像导出为一种静止图像格式，或导出为单帧 Flash Player 应用程序。

"导出影片"命令：可以将动画导出为包含一系列图片、音频的动画格式或静止帧；当导出为静止图像时，可以为文档中的每一帧都创建一个带有编号的图像文件；还可以将文档中的声音导出为 WAV 文件。

"导出视频"命令：可以将做好的动画导出为 MOV 格式的视频文件。

"导出动画 GIF"命令：可以将做好的动画导出为 GIF 动画。

知识提示　将 Animate 图像保存为位图、GIF、JPEG、PNG 文件时，图像会丢失其矢量信息，仅以像素信息保存。

2.4.2 输出影片格式

Animate CC 2019 可以输出多种格式的动画或图形文件，一般包含以下几种常用类型。

1. SWF 影片（*.swf）

SWF动画是网页中常见的动画格式，它是以.swf为后缀的文件，具有动画、声音和交互等功能。它需要在浏览器中安装 Flash 播放器插件才能观看。将整个文档导出为具有动画效果和交互功能的 Flash SWF 文件，以便将 Animate 内容导入其他应用程序中，如导入到 Dreamweaver 中。

选择"文件 > 导出 > 导出影片"命令，弹出"导出影片"对话框。在"文件名"项的文本框中输入要导出动画的名称，在"保存类型"选项的下拉列表中选择"SWF 影片（*.swf）"，如图2-45所示。单击"保存"按钮，即可导出影片。

图 2-45

知识提示　在以 SWF 格式导出 Animate 文件时，文本以 Unicode 格式进行编码。Unicode 编码是一种文字信息的通用字符集编码标准，它是一种16位编码格式。也就是说，Animate 文件中的文字使用双位元组字符集进行编码。

2. JPEG 序列（*.jpg）

可以将 Animate 文档中当前帧上的对象导出成 JPEG 位图文件。JPEG 格式图像为高压缩比的24 位位图。JPEG 格式适合显示包含连续色调（如照片、渐变色或嵌入位图）的图像。

选择"文件 > 导出 > 导出影片"命令，弹出"导出影片"对话框，在"文件名"项的文本框中输入要导出序列文件的名称，在"保存类型"选项的下拉列表中选择"JPEG 序列（*.jpg；*.jpeg）"，如图 2-46 所示。单击"保存"按钮，弹出"导出 JPEG"对话框，如图 2-47 所示。

图 2-46　　　　　　　　　　　　　　　图 2-47

"宽"和"高"数值项：设置 JPEG 图片的尺寸大小。

"分辨率"数值项：设置导出图片的分辨率，并且让 Animate CC 2019 根据图形的大小自动计算宽度和高度。单击"匹配屏幕"按钮，可以将分辨率设置为与显示器相匹配。

"品质"数值项：设置 JPEG 图片的输出品质。

"渐进式显示"复选框：勾选此复选框，图片将以渐进式加载。

3. GIF 序列（*.gif）

网页中常见的动态图标大部分是 GIF 动画形式。GIF 动画是由多个连续的 GIF 图像组成的。在

Animate 动画时间轴上的每一帧都会变为 GIF 动画中的一张图片。GIF 动画不支持声音和交互，并比不含声音的 SWF 动画文件量大。

选择"文件 > 导出 > 导出影片"命令，弹出"导出影片"对话框。在"文件名"项的文本框中输入要导出序列文件的名称，在"保存类型"选项的下拉列表中选择"GIF 序列（*.gif）"，如图 2-48 所示。单击"保存"按钮，弹出"导出 GIF"对话框，如图 2-49 所示。

图 2-48　　　　　　　　　　　　　　图 2-49

"宽"和"高"数值项：设置 GIF 图像的尺寸大小。

"分辨率"数值项：设置导出图像的分辨率，并且让 Animate CC 2019 根据图形的大小自动计算宽度和高度。单击"匹配屏幕"按钮，可以将分辨率设置为与显示器相匹配。

"颜色"复选框：创建导出图像的颜色数量。

"透明"复选框：勾选此复选框，输出的 GIF 动画的背景色为透明。

"交错"复选框：勾选此复选框，浏览者在下载过程中，动画将以交互方式显示。

"平滑"复选框：勾选此复选框，将对输出的 GIF 动画进行平滑处理。

"抖动纯色"复选框：勾选此复选框，对 GIF 动画中的色块进行抖动处理，以提高画面质量。

4. PNG 序列（*.png）

PNG 文件格式是一种可以跨平台支持透明度的图像格式。选择"文件 > 导出 > 导出影片"命令，弹出"导出影片"对话框。在"文件名"项的文本框中输入要导出序列文件的名称，在"保存类型"选项的下拉列表中选择"png 序列（*.png）"，如图 2-50 所示。单击"保存"按钮，弹出"导出 PNG"对话框，如图 2-51 所示。

图 2-50　　　　　　　　　　　　　　图 2-51

"宽"和"高"数值项：设置 PNG 图片的尺寸大小。

"分辨率"数值项：设置导出图片的分辨率，并且让 Animate CC 2019 根据图形的大小自动计算宽度和高度。

"包含"选项：可以设置导出图片的区域大小。

"颜色"选项：创建导出图像的颜色数量。

"平滑"复选框：勾选此复选框，将对输出的 PNG 图片进行平滑处理。

2.4.3 发布影片设置

选择"文件 > 发布"菜单命令，在 Animate 文件所在的文件夹中将生成与 Animate 文件同名的 SWF 文件和 HTML 文件，如图 2-52 所示。

如果要设置同时输出多种格式的动画作品，选择"文件 > 发布设置"命令，弹出"发布设置"对话框，如图 2-53 所示。在默认状态下，只有两种发布格式。可以选择"其他格式"选项组中的复选框，如图 2-54 所示，对话框中也将出现相应的格式选项卡。

| 图 2-52 | 图 2-53 | 图 2-54 |

可以在每种格式右侧的"输出名称"文本框中为文件重新命名。单击"选择发布目标"按钮，可以为文件重新设置要发布的文件夹。

在"发布设置"对话框中完成设置后，单击"确定"按钮，此时并不发布文件，只有单击"发布"按钮时才能发布文件。

2.4.4 发布影片格式

Animate CC 2019 能够发布多种格式的文件，下面我们介绍各种格式文件的参数设置。

1. Flash SWF 文件格式

Flash SWF 文件是网络上流行的动画格式。在"发布设置"对话框中单击"Flash"复选框，切换到"Flash"面板，如图 2-55 所示。

2. SWC

SWC 文件用于分发组件，该文件包含了编译剪辑、组件的 Action Script 类文件以及描述组件的其他文件，如图 2-56 所示。

图 2-55   图 2-56

3. HTML 包装器

HTML 文件用于在网页中引导和播放 Animate 动画作品。如果要在网络上播放 Animate 电影，需要创建一个能激活电影并指定浏览器设置的 HTML 文件。在"发布设置"对话框中单击 "HTML 包装器" 复选框，切换到"HTML 包装器"面板，如图 2-57 所示。

4. GIF 文件格式

Animate CC 2019 可以将动画发布为 GIF 格式的动画，这样不使用任何插件就可以观看动画。但 GIF 格式的动画已经不属于矢量动画，不能随意无损地放大或缩小画面，而且动画中的声音和动作都会失效。在"发布设置"对话框中单击"GIF 图像"复选框，切换到"GIF 图像"面板，如图 2-58 所示。

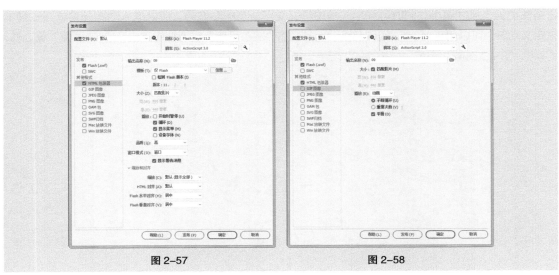

图 2-57   图 2-58

5. JPEG 文件格式

在"发布设置"对话框中单击"JPEG 图像"复选框，切换到"JPEG 图像"面板，如图 2-59 所示。

6. PNG 文件格式

PNG 文件格式是一种可以跨平台支持透明度的图像格式。在"发布设置"对话框中单击"PNG 图像"复选框，切换到"PNG 图像"面板，如图 2-60 所示。

图 2-59   图 2-60

7. OAM 包

带动画组件的 OAM（.oam）文件可以从 ActionScript、WebGL 或 HTML5 Canvas 中的 Animate 内容导出，而从 Animate 生成的 OAM 文件可以在 Dreamweaver、Muse 和 InDesign 中使用。在"发布设置"对话框中单击"OAM 包"复选框，切换到"OAM 包"面板，如图 2-61 所示。

8. SVG 图像

SVG 是一种 XML 标记语言，又称为可伸缩矢量图形。可伸缩矢量图形在缩放和改变尺寸的情况下图像质量保持不变，在任何分辨率下都可以高质量地打印出来，与 JPEG 和 GIF 图像相比，可压缩性更强，尺寸更小。同时可伸缩矢量图形又是可交互和动态的，可以嵌入动画元素或通过脚本来定义动画，可以用于 Web、印刷及移动设备。在"发布设置"对话框中单击"SVG 图像"复选框，切换到"SVG 图像"面板，如图 2-62 所示。

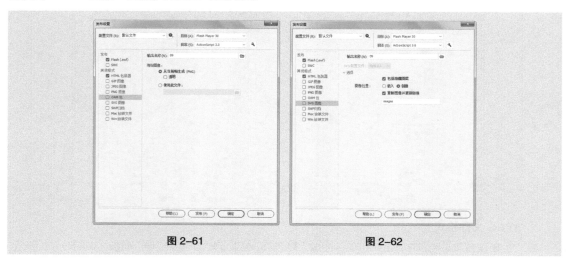

图 2-61   图 2-62

9. SWF 归档

SWF 归档文件是 Animate CC 2019 新发布的一种格式。与 SWF 文件不同，它可以将不同的图层作为单独的 SWF 文件进行打包，再导入 Adobe After Effects 中快速设计动画。在"发布设置"对话框中单击"SWF 归档"复选框，切换到"SWF 归档"面板，如图 2-63 所示。

图 2-63

2.4.5 转换为 HTML5 Canvas

如果想要将 Animate 中制作的旧版动画转换为 HTML5 动画，可以通过以下几种方式进行转换。

1. 复制图层的方式

打开要转换的动画文件，在"时间轴"面板中选中图层，在任意一个图层名称上单击鼠标右键，在弹出的快捷菜单中选择"拷贝图层"命令，将选中的图层进行复制。

新建一个 HTML5 Canvas 文档，在"时间轴"面板图层名称上面单击鼠标右键，在弹出的快捷菜单中选择"粘贴图层"命令，将复制的图层进行粘贴。

2. 使用菜单命令转换

打开要转换的动画文件，选择"文件 > 转换为 > HTML5 Canvas"命令，如图 2-64 所示，即可将 ActionScript 3.0 文档转为 HTML5 文档。

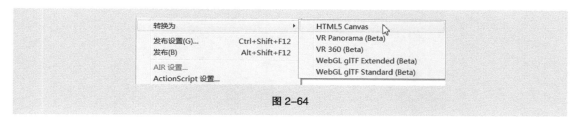

图 2-64

2.4.6 针对 HTML5 的发布

HTML5 是构建 Web 内容的一种语言描述方式，是创建网页内容的最新标准。在 Animate CC 2019 中，选择 HTML5 Canvas 文档类型，可以进入 HTML5 发布环境，输出发布即可。

选择"文件 > 发布设置"命令，弹出"发布设置"对话框，如图 2-65 所示，在对话框中进行设置，单击"发布"按钮，即可发布文件。

图 2-65

03

第3章

常用工具

▶ **本章介绍**

　　本章将介绍 Animate CC 2019 绘制图形的功能和编辑图形的技巧，还将讲解多种选择图形的方法以及设置图形色彩的技巧。读者通过学习，可掌握绘制图形、编辑图形的方法和技巧，能独立绘制出所需的各种图形效果并对其进行编辑，为进一步学习 Animate CC 2019 打下坚实的基础。

学习目标

- 熟练掌握选择工具的使用方法。
- 熟练掌握多种绘制图形工具的使用方法。
- 熟练掌握多种图形编辑工具的使用方法和技巧。
- 了解图形的色彩，并熟悉几种常用的色彩面板。
- 掌握文本工具的使用方法及属性设置方法。

技能目标

- 掌握"小图标"的制作方法和技巧。
- 掌握"咖啡标"的绘制方法和技巧。
- 掌握"美食 App 图标"的绘制方法和技巧。
- 掌握"女装 Banner 广告"的制作方法和技巧。

慕课视频

常用工具

3.1 选择工具

在 Animate CC 2019 中如果要对舞台上的图形对象进行修改，需要先选择对象，再对其进行修改。

3.1.1 课堂案例——制作小图标

【案例学习目标】使用不同的选择工具制作图形。

【案例知识要点】使用移动工具、直接选择工具，来完成小图标的制作。效果如图 3-1 所示。

【效果所在位置】云盘 /Ch03/ 效果 / 制作小图标 .fla。

扫码观看　扫码查看
本案例视频　扩展案例

图 3-1

（1）选择"文件 > 打开"命令，在弹出的"打开"对话框中，选择云盘中的"Ch03 > 素材 > 制作小图标 > 01"文件，单击"打开"按钮打开文件，如图 3-2 所示。

（2）选择"选择"工具▶，在舞台窗口的外侧单击图 3-3 所示的图形，将其选中。按 Ctrl+X 组合键，将其剪切。单击"时间轴"面板上方的"新建图层"按钮◼，创建新图层并将其命名为"碗"，如图 3-4 所示。

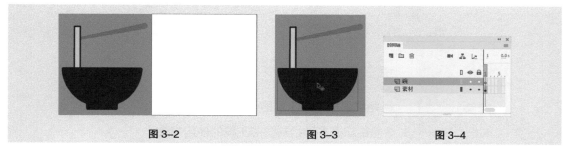

图 3-2　　　　　　　图 3-3　　　　　　　图 3-4

（3）按 Ctrl+V 组合键，将剪切板中的图形粘贴到"碗"图层中，如图 3-5 所示。在舞台窗口中单击碗图形，在绘制对象"属性"面板中，将"X"项设为 28，"Y"项设为 156，如图 3-6 所示，效果如图 3-7 所示。

图 3-5　　　　　　　图 3-6　　　　　　　图 3-7

（4）单击"时间轴"面板上方的"新建图层"按钮◼，创建新图层并将其命名为"筷子"。在舞台窗口的外侧单击图 3-8 所示的图形，将其选中。按 Ctrl+X 组合键，将其剪切。

（5）选中"筷子"图层的第 1 帧，按 Ctrl+V 组合键，将剪切板中的图形粘贴到"筷子"图层中，如图 3-9 所示。在舞台窗口中单击筷子图形，在绘制对象"属性"面板中，将"X"项设为 54，"Y"项设为 17，效果如图 3-10 所示。

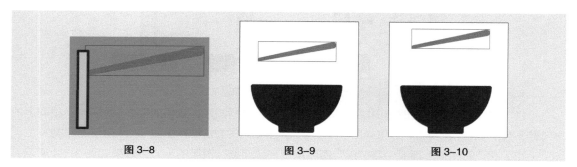

图 3-8　　　　　　　　　　图 3-9　　　　　　　　　　图 3-10

（6）选中筷子图形，按住 Alt 键的同时拖曳鼠标到适当的位置，复制筷子图形，效果如图 3-11 所示。

（7）在"时间轴"面板中将"素材"图层重命名为"面条"，如图 3-12 所示。将"面条"图层拖曳到"筷子"图层的上方，如图 3-13 所示。

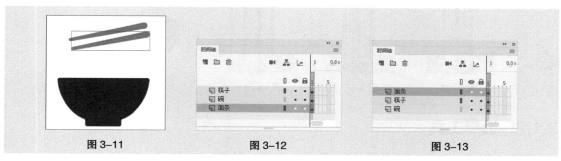

图 3-11　　　　　　　　　　图 3-12　　　　　　　　　　图 3-13

（8）在舞台窗口的外侧选中图 3-14 所示的图形，将其拖曳到舞台窗口中，并放置在适当的位置，如图 3-15 所示。按 Ctrl+B 组合键，将其打散，效果如图 3-16 所示。

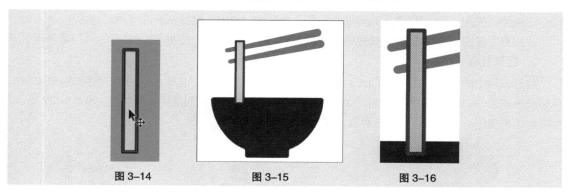

图 3-14　　　　　　　　　　图 3-15　　　　　　　　　　图 3-16

（9）选择"部分选取"工具 ▷，在矩形的左上方单击鼠标，将左上角的节点选中，如图 3-17 所示。按 5 次向下的方向键，移动节点的位置，效果如图 3-18 所示。

（10）选择"选择"工具 ▶，在矩形图形上双击鼠标，将其选中，如图 3-19 所示。按 Ctrl+G 组合键，将其编组，效果如图 3-20 所示。

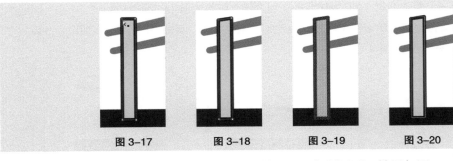

图 3-17　　　　　　图 3-18　　　　　　图 3-19　　　　　　图 3-20

（11）按住 Alt 键的同时拖曳鼠标到适当的位置，复制图形，效果如图 3-21 所示。按向上的方向键多次移动图形的位置，效果如图 3-22 所示。用相同的方法制作出图 3-23 所示的效果。

（12）在"时间轴"面板中将"碗"图层拖曳到"面条"图层的上方，效果如图 3-24 所示。小图标效果制作完成，按 Ctrl+Enter 组合键即可查看效果。

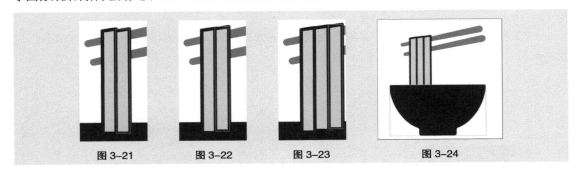

图 3-21　　　　　　图 3-22　　　　　　图 3-23　　　　　　图 3-24

3.1.2　选择工具

选择"选择"工具 ▶，工具箱下方出现图 3-25 所示的按钮，利用这些按钮可以完成以下工作。

"贴紧至对象"按钮 ⋂：自动将舞台上两个对象定位到一起。一般制作引导层动画时可利用此按钮将关键帧的对象锁定到引导路径上。此按钮还可以将对象定位到网格上。

"平滑"按钮 S：可以柔化选择的曲线条。当选中对象时，此按钮变为可用。

"伸直"按钮 ꞁ：可以锐化选择的曲线条。当选中对象时，此按钮变为可用。

⋂　S　ꞁ

图 3-25

1. 选择对象

打开云盘中的"基础素材 > Ch03 > 01"文件。选择"选择"工具 ▶，在舞台中的对象上单击鼠标进行点选，如图 3-26 所示。按住 Shift 键，再点选对象，可以同时选中多个对象，如图 3-27 所示。在舞台中拖曳出一个矩形可以框选对象，如图 3-28 所示。

图 3-26　　　　　　　　　　图 3-27　　　　　　　　　　图 3-28

2. 移动和复制对象

选择"选择"工具 ▶ ，点选中对象，如图 3-29 所示。按住鼠标不放，直接拖曳对象到任意位置，松开鼠标，可移动位置，如图 3-30 所示。

选择"选择"工具 ▶ ，点选中对象，按住 Alt 键，拖曳选中的对象到任意位置，松开鼠标，选中的对象被复制，如图 3-31 所示。

图 3-29   图 3-30   图 3-31

3. 调整矢量线条和色块

选择"选择"工具 ▶ ，将鼠标指针移至对象边缘，鼠标指针下方出现圆弧 ▶ ，如图 3-32 所示。拖动鼠标，可对选中的线条和色块进行调整，如图 3-33 所示。

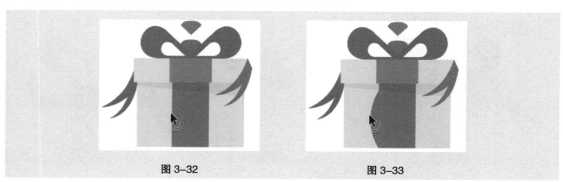

图 3-32   图 3-33

3.1.3　部分选取工具

选择"部分选取"工具 ▷ ，在对象的外边线上单击，对象上出现多个节点，如图 3-34 所示。拖动节点来调整节点的位置，从而可改变对象的形状，如图 3-35 所示。

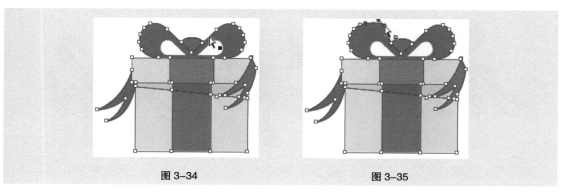

图 3-34   图 3-35

知识提示 若想增加图形上的节点，可用"钢笔"工具 ✏ 在图形上单击来完成。

在改变对象的形状时，"部分选取"工具 ▷ 的鼠标指针会产生不同的变化，其表示的含义也不同。

带黑色方块的指针 ▷■：将鼠标指针放置在节点以外的线段上时，鼠标指针变为 ▷■，如图3-36所示。这时，可以移动对象到其他位置，如图3-37所示。松开鼠标，移动对象的位置，效果如图3-38所示。

图3-36   图3-37   图3-38

带白色方块的指针 ▷□：将鼠标指针放置在节点上时，指针变为 ▷□，如图3-39所示。这时，可以移动单个的节点到其他位置，如图3-40所示。松开鼠标，移动节点的位置，如图3-41所示。

图3-39   图3-40   图3-41

变为小箭头的指针 ▶：将鼠标指针放置在节点调节手柄的尽头时，指针变为 ▶，如图3-42所示。这时，拖曳鼠标到适当的位置，如图3-43所示，松开鼠标，可以调节与该节点相连的线段的弯曲度，效果如图3-44所示。

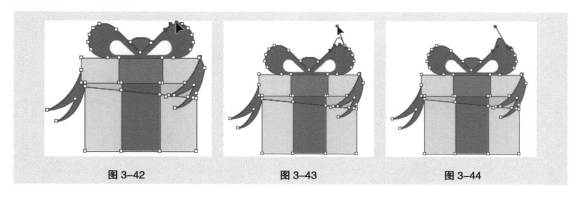

图3-42   图3-43   图3-44

在调整节点的手柄时，调整一个手柄，另一个相对的手柄也会随之发生变化。如果只想调整其中的一个手柄，按住 Alt 键，再进行调整即可。

可以将直线节点转换为曲线节点，并进行弯曲度调节。选择"部分选取"工具 ，在对象的外边线上单击，对象上显示出节点，如图 3-45 所示。用鼠标单击要转换的节点，节点从空心变为实心，表示可编辑，如图 3-46 所示。

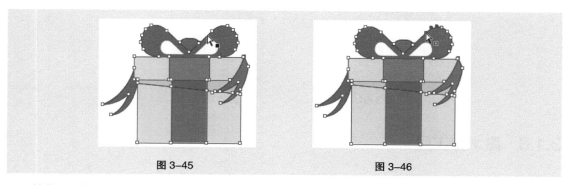

图 3-45   图 3-46

按住 Alt 键，用鼠标将节点拖曳到适当的位置，节点增加出两个可调节手柄，如图 3-47 所示。应用调节手柄可调节线段的弯曲度，如图 3-48 所示。

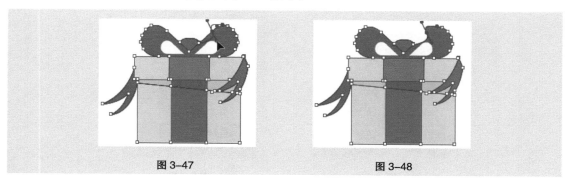

图 3-47   图 3-48

3.1.4　套索工具

将云盘中的"基础素材 > Ch03 > 02"文件导入到舞台窗口中，按 Ctrl+B 组合键，将位图分离。选择"套索"工具 ，用鼠标在位图上任意勾画想要的区域，形成一个封闭的选区，如图 3-49 所示。松开鼠标，选区中的图像被选中，如图 3-50 所示。

图 3-49   图 3-50

3.1.5　多边形工具

将云盘中的"基础素材 > Ch03 > 03"文件导入到舞台窗口中，按 Ctrl+B 组合键，将位图分离。选择"多边形"工具 ，用鼠标在字母"A"的边缘进行绘制，如图 3-51 所示。双击鼠标结束多边形工具的绘制，绘制的区域被选中，如图 3-52 所示。

图 3-51　　　　　　　　　　　　　　图 3-52

3.1.6　魔术棒工具

将云盘中的"基础素材 > Ch03 > 04"文件导入到舞台窗口中，按 Ctrl+B 组合键，将位图分离。选择"魔术棒"工具 ，将鼠标指针放置在位图上，当鼠标指针变为 时，在要选择的位图上单击鼠标，如图 3-53 所示。与选取点颜色相近的图像区域被选中，如图 3-54 所示。

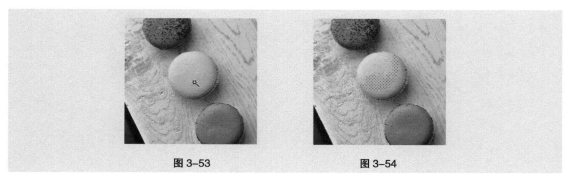

图 3-53　　　　　　　　　　　　　　图 3-54

在魔术棒工具"属性"面板中可设置不同的阈值和平滑，如图 3-55 所示。设置不同数值后，所产生的效果也不相同，如图 3-56 和图 3-57 所示。

（a）阈值为 10 时选取图像的区域　　　　（b）阈值为 30 时选取图像的区域

图 3-55　　　　　　　　　　　图 3-56　　　　　　　　　　　图 3-57

3.2 绘图工具

利用 Animate 创造的充满想象力的设计作品都是由基本图形组成的。Animate CC 2019 提供了各种工具来绘制线条和图形。应用绘制工具可以绘制多变的图形与路径。

3.2.1 课堂案例——绘制咖啡标

【案例学习目标】使用不同的绘图工具绘制图形。

【案例知识要点】使用椭圆工具、基本矩形工具、矩形工具、钢笔工具、线条工具、多角星形工具，来完成咖啡标的绘制。效果如图 3-58 所示。

【效果所在位置】云盘 /Ch03/ 效果 / 绘制咖啡标 .fla。

图 3-58

扫码观看
本案例视频

扫码查看
扩展案例

（1）在欢迎页的"详细信息"选项组中，将"宽"项设为 284，"高"项设为 284，"平台类型"选项的下拉列表中选择"ActionScript 3.0"选项，如图 3-59 所示，单击"创建"按钮，完成文档的创建，如图 3-60 所示。

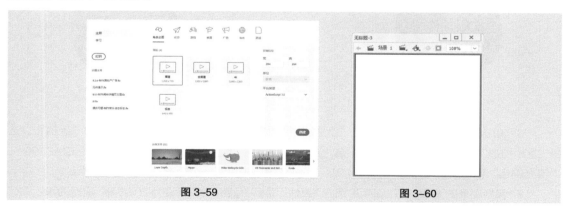

图 3-59

图 3-60

（2）将"图层_1"重命名为"圆形"，如图 3-61 所示。选择"椭圆"工具 ，在工具箱中将"笔触颜色"设为无，"填充颜色"设为深紫色（#661738）。单击工具箱下方的"对象绘制"按钮 ，按住 Shift 键的同时，在舞台窗口中绘制一个圆形，如图 3-62 所示。

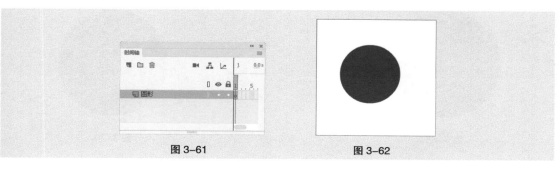

图 3-61

图 3-62

（3）选择"选择"工具 ▶，在舞台窗口中选中圆形，在绘制对象"属性"面板中，将"宽"项和"高"项均设为252，"X"项和"Y"项均设为16，如图3-63所示，效果如图3-64所示。

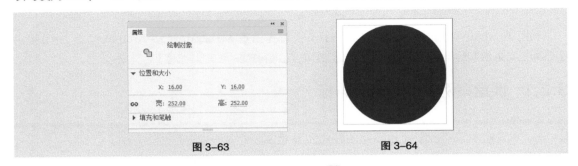

图3-63　　　　　　　　　　　　　　　　图3-64

（4）单击"时间轴"面板上方的"新建图层"按钮 ，创建新图层并将其命名为"杯体"。选择"基本矩形"工具 ，在工具箱中将"笔触颜色"设为无，"填充颜色"设为橘红色（#FF5451）。在舞台窗口中绘制一个矩形，如图3-65所示。

（5）保持图形的选取状态，在矩形图元"属性"面板中，将"宽"项设为121，"高"项设为94，"X"项设为79，"Y"项设为121，其他选项的设置如图3-66所示，效果如图3-67所示。

图3-65　　　　　　　　　图3-66　　　　　　　　　图3-67

（6）单击"时间轴"面板上方的"新建图层"按钮 ，创建新图层并将其命名为"手柄"。选择"基本矩形"工具 ，在基本矩形工具"属性"面板中，将"笔触颜色"设为橘红色（#EA5550），"填充颜色"设为无，"笔触"项设为9.5。在舞台窗口中绘制一个矩形，如图3-68所示。

（7）保持图形的选取状态，在矩形图元"属性"面板中，将"宽"项设为70，"高"项设为45，"X"项设为160，"Y"项设为141，其他选项的设置如图3-69所示，效果如图3-70所示。

图3-68　　　　　　　　　图3-69　　　　　　　　　图3-70

（8）在"时间轴"面板中将"杯体"图层拖曳到"手柄"图层的上方，如图 3-71 所示，效果如图 3-72 所示。

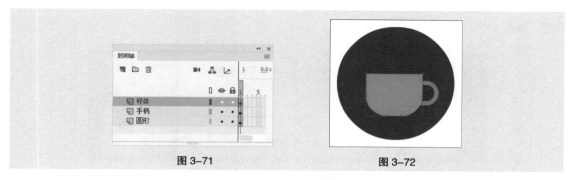

图 3-71   图 3-72

（9）单击"时间轴"面板上方的"新建图层"按钮<img>，创建新图层并将其命名为"吊牌"。选择"矩形"工具<img>，在工具箱中将"笔触颜色"设为无，"填充颜色"设为白色，取消"对象绘制"按钮<img>的选择。在舞台窗口中绘制一个矩形，如图 3-73 所示。

（10）选择"选择"工具<img>，在舞台窗口中选中白色矩形，在形状"属性"面板中，将"宽"项设为 25，"高"项设为 31，"X"项设为 99，"Y"项设为 157，如图 3-74 所示，效果如图 3-75 所示。

图 3-73   图 3-74   图 3-75

（11）选择"钢笔"工具<img>，在白色矩形的上方边线上单击鼠标，添加一个节点，如图 3-76 所示。用相同的方法再次添加一个节点，效果如图 3-77 所示。选择"部分选取"工具<img>，按住 Shfit 键的同时选中需要的节点，如图 3-78 所示。按向上的方向键多次，移动节点的位置，效果如图 3-79 所示。

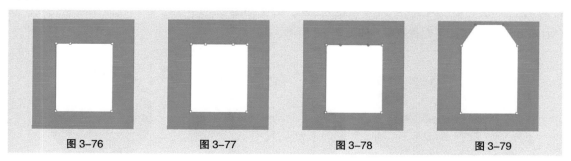

图 3-76   图 3-77   图 3-78   图 3-79

（12）选择"线条"工具<img>，在线条工具"属性"面板中，将"笔触颜色"设为白色，"笔触"选项设为 1，"端点"选项设为无。在舞台窗口中绘制一条直线，如图 3-80 所示。

（13）选择"多角星形"工具 ，在多角星形工具"属性"面板中，将"笔触颜色"设为无，"填充颜色"设为橘红色（#FF5451），单击"工具设置"选项组中的"选项"按钮，在弹出的"工具设置"对话框中进行设置，如图 3-81 所示。单击"确定"按钮，完成工具设置。在舞台窗口中绘制一个五角星，如图 3-82 所示。

图 3-80	图 3-81	图 3-82

（14）单击"时间轴"面板上方的"新建图层"按钮，创建新图层并将其命名为"热气"。选择"钢笔"工具，在钢笔工具"属性"面板中，将"笔触颜色"设为白色，"笔触"项设为4，"端点"选项设为"圆角"，单击工具箱下方的"对象绘制"按钮。在舞台窗口中绘制一条曲线，如图 3-83 所示。

（15）选择"选择"工具，选中曲线，按住 Alt 键的同时拖曳鼠标到适当的位置，复制图形，效果如图 3-84 所示。按 Ctrl+Y 组合键，再次复制一条曲线，效果如图 3-85 所示。

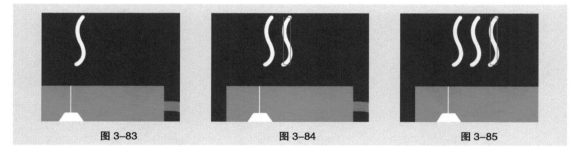

图 3-83	图 3-84	图 3-85

（16）单击"时间轴"面板上方的"新建图层"按钮，创建新图层并将其命名为"线条"。选择"线条"工具，在线条工具"属性"面板中，将"笔触颜色"设为白色，"笔触"选项设为2，"端点"选项设为无。在舞台窗口中绘制一条直线，如图 3-86 所示。

（17）选择"选择"工具，选中绘制的直线，在绘制对象"属性"面板中，将"宽"项设为121，"X"项设为79，"Y"项设为224，效果如图 3-87 所示。咖啡标效果绘制完成，按 Ctrl+Enter 组合键即可查看效果，如图 3-88 所示。

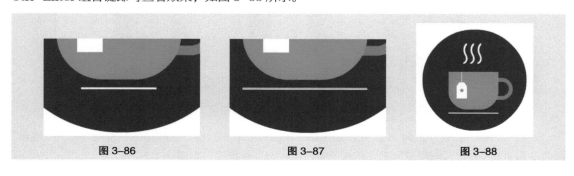

图 3-86	图 3-87	图 3-88

3.2.2　线条工具

选择"线条"工具 ，在舞台上单击鼠标，按住鼠标不放并向右拖动到需要的位置，绘制出一条直线。松开鼠标，直线效果如图 3-89 所示。在线条工具"属性"面板中设置不同的笔触颜色、笔触大小、笔触样式和笔触宽度，如图 3-90 所示。

设置不同的笔触属性后，绘制的线条如图 3-91 所示。

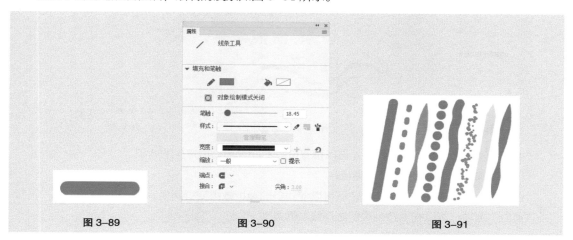

图 3-89　　　　　　　　图 3-90　　　　　　　　图 3-91

选择线条工具时，如果按住 Shift 键的同时拖曳鼠标绘制，则只能在 45° 或 45° 的倍数方向绘制直线，无法为线条工具设置填充属性。

3.2.3　铅笔工具

选择"铅笔"工具 ，在舞台上单击鼠标，按住鼠标不放，在舞台上可随意绘制出线条。松开鼠标，线条效果如图 3-92 所示。如果想要绘制出平滑或伸直的线条和形状，可以在工具箱下方的选项区域中为铅笔工具选择一种绘画模式，如图 3-93 所示。

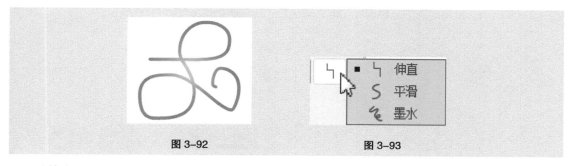

图 3-92　　　　　　　　　　图 3-93

"伸直"选项：可以绘制直线，并将接近三角形、椭圆、圆形、矩形和正方形的形状转换为这些常见的几何形状。"平滑"选项：可以绘制平滑曲线。"墨水"选项：可以绘制不用修改的手绘线条。

在铅笔工具"属性"面板中设置不同的笔触颜色、笔触大小、笔触样式，如图 3-94 所示。设置不同的笔触属性后，绘制的图形如图 3-95 所示。

单击属性面板右侧的"编辑笔触样式"按钮 ，弹出"笔触样式"对话框，如图 3-96 所示。

在对话框中可以自定义笔触样式。

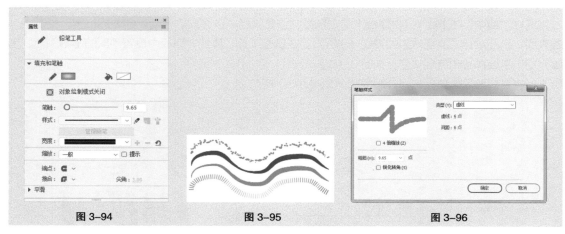

图 3-94　　　　　　　　　　图 3-95　　　　　　　　　　图 3-96

"4 倍缩放"复选框：可以放大 4 倍以预览设置不同选项后所产生的效果。

"粗细"选项：可以设置线条的粗细。

"锐化转角"复选框：勾选此复选框可以使线条的转折效果变得明显。

"类型"选项：可以在下拉列表中选择线条的类型。

知识提示　　　选择"铅笔"工具 ✏ 时，如果按住 Shift 键的同时拖曳鼠标绘制，则可将线条限制为垂直或水平方向。

3.2.4　椭圆工具

选择"椭圆"工具 ⬭，在舞台上单击鼠标，按住鼠标不放，向需要的位置拖曳鼠标，可绘制椭圆。松开鼠标，图形效果如图 3-97 所示。按住 Shift 键的同时绘制图形，可以绘制出圆形，效果如图 3-98 所示。

在椭圆工具"属性"面板中设置不同的笔触颜色、笔触大小、笔触样式、笔触宽度和填充颜色，如图 3-99 所示。设置不同的笔触属性和填充颜色后，绘制的图形如图 3-100 所示。

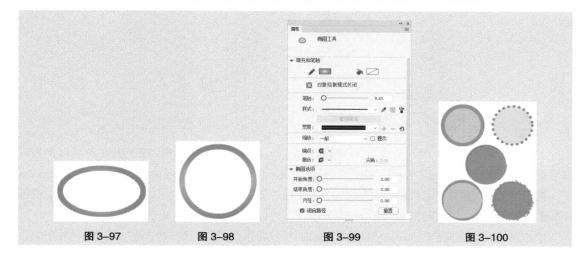

图 3-97　　　　　图 3-98　　　　　图 3-99　　　　　图 3-100

3.2.5 基本椭圆工具

"基本椭圆"工具 ⊙ 的使用方法和功能与"椭圆"工具 ⊙ 相同，唯一的区别在于，"椭圆"工具 ⊙ 必须要先设置椭圆属性，然后再绘制，绘制好之后不可以再次更改椭圆属性；而"基本椭圆"工具 ⊙ 在绘制前设置属性和绘制后设置属性都是可以的。

3.2.6 画笔工具

1．使用填充颜色绘制

选择"画笔"工具 ✏️，在舞台上单击鼠标，按住鼠标不放，可随意绘制出图形。松开鼠标，图形效果如图 3-101 所示。可以在画笔工具"属性"面板中设置不同的填充颜色和笔触平滑度，如图 3-102 所示。

在画笔工具"属性"面板"画笔选项"选项组中有"画笔形状"选项 ● 和"画笔大小"选项，可以设置画笔的形状与大小。设置不同的画笔形状后所绘制的笔触效果如图 3-103 所示。

| 图 3-101 | 图 3-102 | 图 3-103 |

系统在工具箱的下方提供了 5 种画笔的模式可供选择，如图 3-104 所示。

"标准绘画"模式：在同一层的线条和填充上以覆盖的方式涂色。

"颜料填充"模式：对填充区域和空白区域涂色，其他部分（如边框线）不受影响。

"后面绘画"模式：在舞台上同一层的空白区域涂色，但不影响原有的线条和填充。

"颜料选择"模式：在选定的区域内进行涂色，未被选中的区域不能够涂色。

"内部绘画"模式：在内部填充上绘图，但不影响线条。如果在空白区域中开始涂色，该填充不会影响任何现有填充区域。

应用不同模式绘制出的效果如图 3-105 所示。

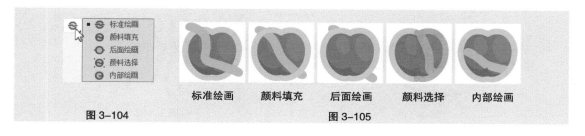

| 图 3-104 | | 标准绘画 | 颜料填充 | 后面绘画 | 颜料选择 | 内部绘画 |
| | | | | 图 3-105 | | |

“锁定填充”按钮 ：先为画笔选择径向渐变色彩。当没有选择此按钮时，用画笔绘制线条，每个线条都有自己完整的渐变过程，线条与线条之间不会互相影响，如图 3-106 所示；当选择此按钮时，颜色的渐变过程形成一个固定的区域，在这个区域内，画笔绘制到的地方，就会显示出相应的色彩，如图 3-107 所示。

图 3-106   图 3-107

在使用画笔工具涂色时，可以使用导入的位图作为填充。

将云盘中的"基础素材 > Ch03 > 06"文件导入到"库"面板，如图 3-108 所示。选择"窗口 > 颜色"命令，弹出"颜色"面板。单击"填充颜色"按钮 ，将"颜色类型"选项设为"位图填充"，用刚才导入的位图"06"作为填充图案，如图 3-109 所示。选择"画笔"工具 ，在窗口中随意绘制一些笔触，效果如图 3-110 所示。

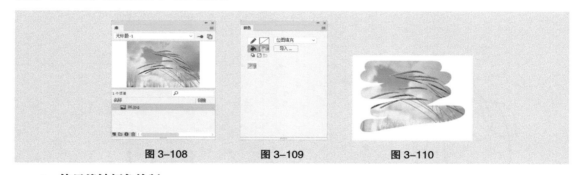

图 3-108   图 3-109   图 3-110

2. 使用笔触颜色绘制

选择"画笔"工具 ，在舞台上单击鼠标，按住鼠标不放，随意绘制出图形。松开鼠标，图形效果如图 3-111 所示。可以在画笔工具"属性"面板中设置不同的填充颜色和笔触平滑度，如图 3-112 所示。

设置不同的画笔形状后所绘制的笔触效果如图 3-113 所示。

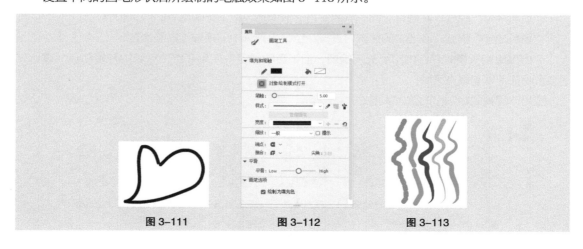

图 3-111   图 3-112   图 3-113

3.2.7　矩形工具

选择"矩形"工具 ▫ ，在舞台上单击鼠标，按住鼠标不放，向需要的位置拖曳鼠标，可绘制出矩形图形。松开鼠标，矩形效果如图 3-114 所示。按住 Shift 键的同时绘制图形，可以绘制出正方形，如图 3-115 所示。

可以在矩形工具"属性"面板中设置不同的笔触颜色、笔触大小、笔触样式、笔触宽度和填充颜色，如图 3-116 所示。设置不同的笔触属性和填充颜色后，绘制的图形如图 3-117 所示。

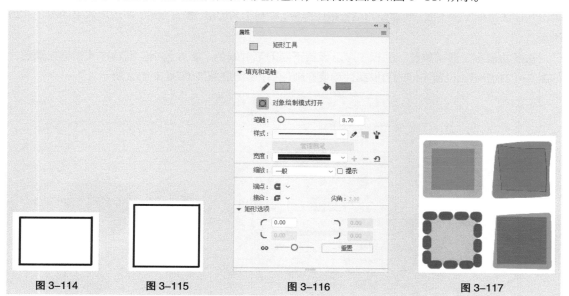

图 3-114　　　　图 3-115　　　　　　图 3-116　　　　　　　图 3-117

可以应用矩形工具绘制圆角矩形。选择"属性"面板，在"矩形边角半径"项的数值框中输入需要的数值，如图 3-118 所示。输入的数值不同，绘制出的圆角矩形也相应地不同，效果如图 3-119 所示。

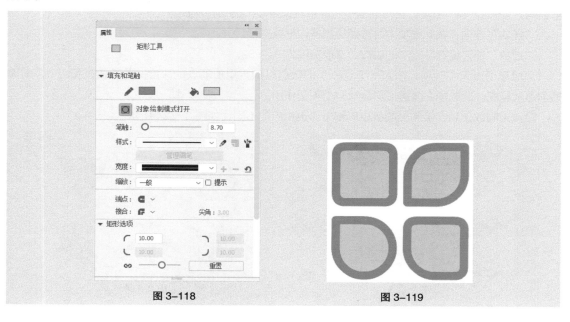

图 3-118　　　　　　　　　　图 3-119

3.2.8 基本矩形工具

"基本矩形"工具▤和"矩形"工具▢的区别与"椭圆"工具●和"基本椭圆"工具◉的区别相同,此处不再赘述。

3.2.9 多角星形工具

应用多角星形工具可以绘制出不同样式的多边形和星形。选择"多角星形"工具⬢,在舞台上单击并按住鼠标左键不放,向需要的位置拖曳鼠标,绘制出多边形。松开鼠标,多边形效果如图3-120所示。

在多角星形工具"属性"面板中可以设置不同的笔触颜色、笔触大小、笔触样式和填充颜色,如图3-121所示。设置不同的边框属性和填充颜色后,绘制的图形如图3-122所示。

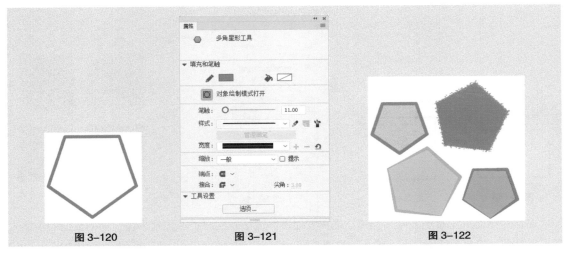

| 图 3-120 | 图 3-121 | 图 3-122 |

在多角星形工具"属性"面板中,单击"工具设置"选项组中的"选项"按钮,弹出"工具设置"对话框,如图3-123所示。在对话框中可以自定义多边形的各种属性。

"样式"选项:在此选项中可选择绘制多边形或星形。

"边数"项:设置多边形的边数,选取范围为3~32。

"星形顶点大小"项:输入一个0~1的数值以指定星形顶点的深度。此数值越接近0,创建的顶点就越深。此选项在多边形形状绘制中不起作用。

设置不同数值后,绘制出的多边形和星形也相应地不同,如图3-124所示。

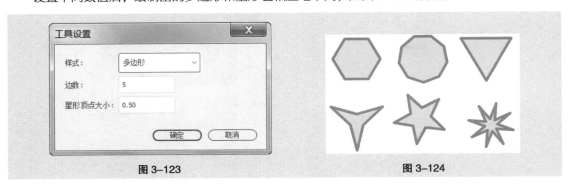

| 图 3-123 | 图 3-124 |

3.2.10 钢笔工具

选择"钢笔"工具 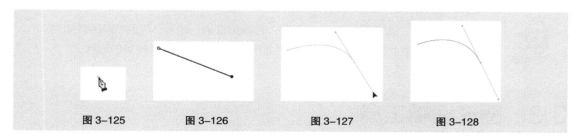，将鼠标指针放置在舞台上想要绘制曲线的起始位置，然后单击鼠标左键。松开鼠标，此时出现第 1 个锚点，如图 3-125 所示。将鼠标指针放置在想要绘制的第 2 个锚点的位置，单击鼠标左键并松开鼠标，绘制出一条直线段，如图 3-126 所示。如果在第 2 个锚点的位置，按住鼠标左键不放并向其他方向拖曳，可将直线转换为曲线，如图 3-127 所示。松开鼠标，一条曲线绘制完成，如图 3-128 所示。

| 图 3-125 | 图 3-126 | 图 3-127 | 图 3-128 |

用相同的方法可以绘制出多条曲线段组合而成的不同样式的曲线，如图 3-129 所示。

在绘制线段时，如果按住 Shift 键再进行绘制，绘制出的线段将被限制为倾斜 45° 的倍数，如图 3-130 所示。

| 图 3-129 | 图 3-130 |

在绘制线段时，"钢笔"工具 的指针会产生不同的变化，其表示的含义也不同。

增加节点：当鼠标指针变为带加号时 ，如图 3-131 所示，在线段上单击鼠标就会增加一个节点，这样有助于更精确地调整线段。增加节点后的效果如图 3-132 所示。

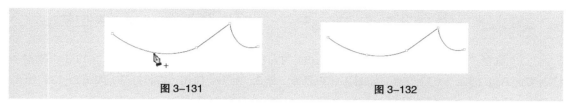

| 图 3-131 | 图 3-132 |

删除节点：当鼠标指针变为带减号时 ，如图 3-133 所示，在线段上单击节点，就会将这个节点删除。删除节点后的效果如图 3-134 所示。

| 图 3-133 | 图 3-134 |

转换节点：当鼠标指针变为带折线时 ，如图 3-135 所示，在线段上单击节点，就会将这个节

点从曲线节点转换为直线节点。转换节点后的效果如图 3-136 所示。

图 3-135　　　　　　　　　　　　　　　图 3-136

知识提示

当选择"钢笔"工具 绘画时，若在用铅笔、画笔、线条、椭圆或矩形工具创建的对象上单击，就可以调整对象的节点，以改变这些线条的形状。

3.3　图形编辑工具

使用图形编辑工具可以改变图形的色彩、线条、形态等属性，可以创建充满变化的图形效果。

3.3.1　课堂案例——绘制美食 App 图标

【案例学习目标】使用不同的绘图工具绘制图形。

【案例知识要点】使用选择工具、颜色面板和渐变变形工具，来完成美食 App 图标的绘制。效果如图 3-137 所示。

【效果所在位置】云盘 /Ch03/ 效果 / 绘制美食 App 图标 .fla。

扫码观看
本案例视频

扫码查看
扩展案例

图 3-137

（1）选择"文件 > 打开"命令，在弹出的"打开"对话框中，选择云盘中的"Ch03 > 素材 > 绘制美食 App 图标 > 01"文件，如图 3-138 所示，单击"打开"按钮，将其打开，如图 3-139 所示。

图 3-138

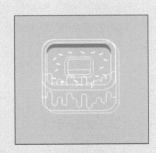

图 3-139

（2）选择"选择"工具 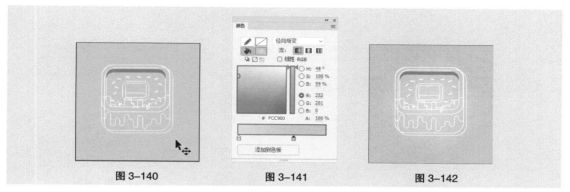，在舞台窗口中选中灰色矩形，如图 3-140 所示。选择"窗口 > 颜色"命令，弹出"颜色"面板。单击"笔触颜色"按钮 🖊 ▇，将其设为无。单击"填充颜色"按钮 🎨 ☐，在"颜色类型"选项的下拉列表中选择"径向渐变"选项，在色带上将左边的颜色控制点设为浅黄色（#FFF100），将右边的颜色控制点设为黄色（#FCC900），生成渐变色，如图 3-141 所示，效果如图 3-142 所示。

图 3-140　　　　　　　　图 3-141　　　　　　　　图 3-142

（3）选择"文件 > 导入 > 导入到库"命令，在弹出的"导入到库"对话框中，选择云盘中的"Ch03 > 素材 > 绘制美食 App 图标 > 02"文件，单击"打开"按钮，将选中的文件导入到"库"面板中，如图 3-143 所示。单击"时间轴"面板上方的"新建图层"按钮，创建新图层并将其命名为"图案"，如图 3-144 所示。

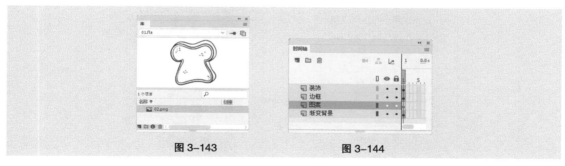

图 3-143　　　　　　　　　图 3-144

（4）在"颜色"面板中，单击"填充颜色"按钮 🎨 ☐，在"颜色类型"选项的下拉列表中选择"位图填充"选项，如图 3-145 所示。选择"基本矩形"工具 ▢，在舞台窗口中绘制一个与舞台窗口大小相同的矩形，效果如图 3-146 所示。

（5）选择"渐变变形"工具 ▣，在填充的位图上单击周围出现控制框，如图 3-147 所示。向内拖曳左下方的控制点改变图案大小，效果如图 3-148 所示。

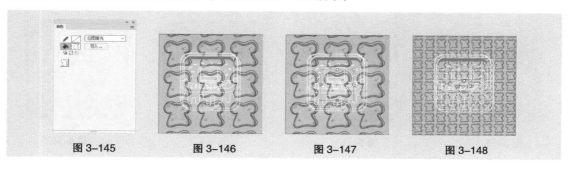

图 3-145　　　　　图 3-146　　　　　图 3-147　　　　　图 3-148

（6）在"时间轴"面板中单击"图案"图层，将该层中的对象全部选中。按 F8 键，在弹出的"转换为元件"对话框中进行设置，如图 3-149 所示。单击"确定"按钮，将其转换为图形元件。选择"选择"工具 ▶，在舞台窗口中选中"图案"实例，在图形"属性"面板中选择"色彩效果"选项组，在"样式"选项的下拉列表中选择"Alpha"选项，将"Alpha 数量"设为 30，如图 3-150 所示。舞台窗口中的效果如图 3-151 所示。

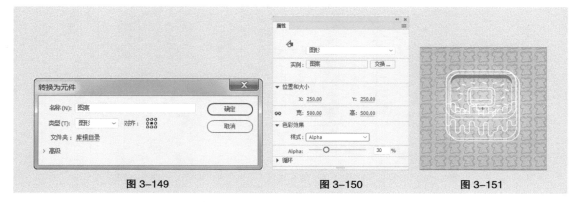

图 3-149　　　　　　　　　　图 3-150　　　　　　　　　　图 3-151

（7）按住 Shift 键的同时，选中图 3-152 所示的圆角矩形。在"颜色"面板中，单击"填充颜色"按钮 ▲ □，将"填充颜色"设为黑色，单击"笔触颜色"按钮 ✎ ■，将其设为无，效果如图 3-153 所示。

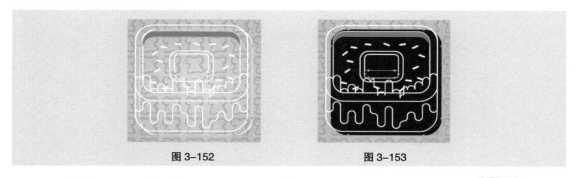

图 3-152　　　　　　　　　　　　　　图 3-153

（8）选中图 3-154 所示的圆角矩形。在"颜色"面板中，单击"填充颜色"按钮 ▲ □，将"填充颜色"设为深红色（#5E1818），单击"笔触颜色"按钮 ✎ ■，将其设为无，效果如图 3-155 所示。

（9）按住 Shift 键的同时，选中图 3-156 所示的图形。在"颜色"面板中，单击"填充颜色"按钮 ▲ □，将"填充颜色"设为粉色（#F08D7E），单击"笔触颜色"按钮 ✎ ■，将其设为无，效果如图 3-157 所示。

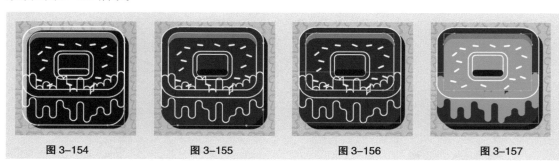

图 3-154　　　　　　　图 3-155　　　　　　　图 3-156　　　　　　　图 3-157

（10）按住 Shift 键的同时，选中图 3-158 所示的圆角矩形。在"颜色"面板中，单击"填充颜色"按钮 🖌️ ☐，将"填充颜色"设为粉色（#F3A599），单击"笔触颜色"按钮 ✏️ ⬛，将其设为无，效果如图 3-159 所示。

（11）选中图 3-160 所示的圆角矩形。在"颜色"面板中，单击"填充颜色"按钮 🖌️ ☐，将"填充颜色"设为橘红色（#E5624B），单击"笔触颜色"按钮 ✏️ ⬛，将其设为无，效果如图 3-161 所示。美食 App 图标绘制完成，按 Ctrl+Enter 组合键即可查看效果。

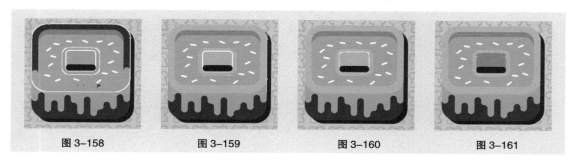

图 3-158　　　　　　　图 3-159　　　　　　　图 3-160　　　　　　　图 3-161

3.3.2　墨水瓶工具

使用墨水瓶工具可以修改矢量图形的边线。

打开云盘中的"基础素材 > Ch03 > 07"文件，如图 3-162 所示。选择"墨水瓶"工具 🖍️，在墨水瓶工具"属性"面板中设置笔触颜色、笔触大小、笔触样式以及笔触宽度，如图 3-163 所示。

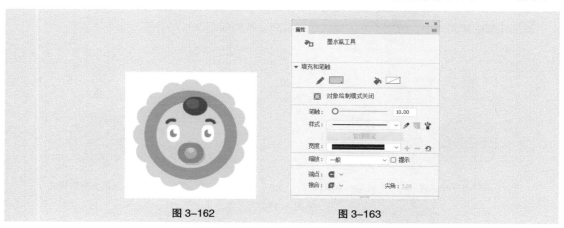

图 3-162　　　　　　　　　　　　图 3-163

这时，鼠标指针变为 ◔。在图形上单击鼠标，为图形增加设置好的边线，如图 3-164 所示。在墨水瓶工具"属性"面板中设置不同的属性，所绘制的边线效果也不同，如图 3-165 所示。

图 3-164　　　　　　　　　　　　图 3-165

3.3.3 颜料桶工具

打开云盘中的"基础素材 > Ch03 > 08"文件，如图 3-166 所示。选择"颜料桶"工具 ，在颜料桶工具"属性"面板中设置填充颜色，如图 3-167 所示。在线框的内部单击鼠标，线框内部被填充颜色，如图 3-168 所示。

系统在工具箱的下方设置了 4 种填充模式可供选择，如图 3-169 所示。

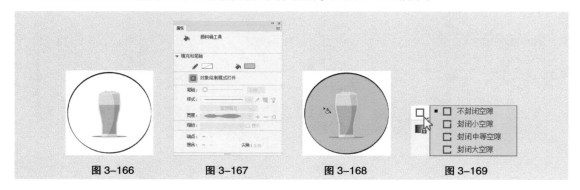

图 3-166   图 3-167   图 3-168   图 3-169

"不封闭空隙"模式：选择此模式时，只有在完全封闭的区域颜色才能被填充。

"封闭小空隙"模式：选择此模式时，当边线上存在小空隙时，允许填充颜色。

"封闭中等空隙"模式：选择此模式时，当边线上存在中等空隙时，允许填充颜色。

"封闭大空隙"模式：选择此模式时，当边线上存在大空隙时，允许填充颜色。（当选择"封闭大空隙"模式时，无论空隙是小空隙还是中等空隙，也都可以填充颜色。）

根据线框空隙的大小，应用不同的模式进行填充，效果如图 3-170 所示。

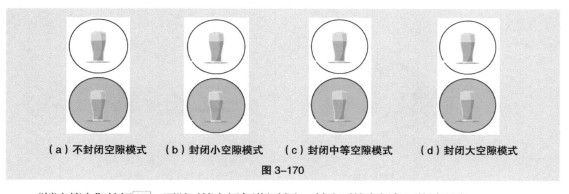

（a）不封闭空隙模式   （b）封闭小空隙模式   （c）封闭中等空隙模式   （d）封闭大空隙模式

图 3-170

"锁定填充"按钮 ：可以对填充颜色进行锁定，锁定后填充颜色不能被更改。

没有选择此按钮时，填充颜色可以根据需要进行变更，如图 3-171 所示。

选择此按钮时，鼠标指针放置在填充颜色上，鼠标指针变为 ，填充颜色被锁定，不能随意变更，如图 3-172 所示。

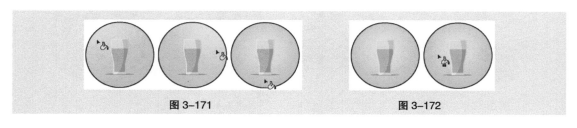

图 3-171   图 3-172

3.3.4 滴管工具

使用滴管工具可以吸取矢量图形的线型和色彩，然后利用颜料桶工具，快速修改其他矢量图形内部的填充色。利用墨水瓶工具，可以快速修改其他矢量图形的边框颜色及线型。

1. 吸取填充色

打开云盘中的"基础素材 > Ch03 > 09"文件。选择"滴管"工具 🖋，将鼠标指针放在左边图形的填充色上，鼠标指针变为 🖋，如图 3-173 所示。在填充色上单击鼠标，吸取填充色样本。

单击后，鼠标指针变为 🖋，表示填充色被锁定。在工具箱的下方，取消对"锁定填充"按钮 🔲 的选取，鼠标指针变为 🖋。在右边图形的填充色上单击鼠标，图形的颜色被修改，如图 3-174 所示。

图 3-173　　　　　　　　　　　图 3-174

2. 吸取边框属性

选择"滴管"工具 🖋，将鼠标指针放在左边图形的外边框上，鼠标指针变为 🖋，如图 3-175 所示。在外边框上单击鼠标，吸取边框样本。单击后，鼠标指针变为 🖋，在右边图形的外边框上单击鼠标，可添加边线，如图 3-176 所示。

图 3-175　　　　　　　　　　　图 3-176

3. 吸取位图图案

滴管工具可以吸取外部引入的位图图案。将云盘中的"基础素材 > Ch03 > 06"文件导入到舞台窗口中，按 Ctrl+B 组合键，将其打散，如图 3-177 所示。绘制一个圆形图形，如图 3-178 所示。

选择"滴管"工具 🖋，将鼠标指针放在位图上，鼠标指针变为 🖋，如图 3-179 所示，单击鼠标，吸取图案样本。单击后，鼠标指针变为 🖋，在圆形图形上单击鼠标，图案被填充，如图 3-180 所示。

图 3-177　　　　图 3-178　　　　图 3-179　　　　图 3-180

选择"渐变变形"工具 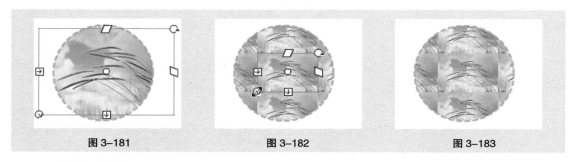 ，单击被填充图案样本的椭圆形，出现控制点，如图 3-181 所示。将左下方的控制点向中心拖曳，如图 3-182 所示。填充图案变小，如图 3-183 所示。

图 3-181   图 3-182   图 3-183

4. 吸取文字颜色

滴管工具可以吸取文字的颜色。选择要修改颜色的目标文字，如图 3-184 所示。选择"滴管"工具 ，将鼠标指针放在源文字上，鼠标指针变为 ，如图 3-185 所示。在源文字上单击鼠标，源文字的文字颜色被应用到了目标文字上，如图 3-186 所示。

图 3-184   图 3-185   图 3-186

3.3.5 橡皮擦工具

打开云盘中的"基础素材 > Ch03 > 10"文件。选择"橡皮擦"工具 ，在图形上想要删除的地方按下鼠标并拖动鼠标，图形被擦除，如图 3-187 所示。在橡皮擦工具"属性"面板"橡皮擦形状"按钮 的下拉菜单中，可以选择橡皮擦的形状，拖动"大小"选项滑块可以调整橡皮擦形状的大小。

如果想得到特殊的擦除效果，可以选择系统在工具箱下方设置的 5 种擦除模式，如图 3-188 所示。

图 3-187   图 3-188

"标准擦除"模式：擦除同一层的线条和填充。选择此模式擦除图形的前后对照效果如图 3-189 所示。

"擦除填色"模式：仅擦除填充区域，其他部分（如边框线）不受影响。选择此模式擦除图形的前后对照效果如图 3-190 所示。

图 3-189　　　　　　　　　　　　　图 3-190

　　"擦除线条"模式：仅擦除图形的线条部分，而不影响其填充部分。选择此模式擦除图形的前后对照效果如图 3-191 所示。

　　"擦除所选填充"模式：仅擦除已经选择的填充部分，而不影响其他未被选择的部分。（如果场景中没有任何填充被选择，那么擦除命令无效。）选择此模式擦除图形的前后对照效果如图 3-192 所示。

图 3-191　　　　　　　　　　　　　图 3-192

　　"内部擦除"模式：仅擦除起点所在的填充区域部分，而不影响线条填充区域外的部分。选择此模式擦除图形的前后对照效果如图 3-193 所示。

图 3-193

　　要想快速删除舞台上的所有对象，双击"橡皮擦"工具 ◆ 即可。

　　要想删除矢量图形上的线段或填充区域，可以选择"橡皮擦"工具 ◆，再选中工具箱中的"水龙头"按钮 ✎，然后单击舞台上想要删除的线段或填充区域即可，如图 3-194 和图 3-195 所示。

图 3-194　　　　　　　　　　　　　图 3-195

因为导入的位图和文字不是矢量图形，不能擦除它们的部分或全部，所以，必须先选择"修改 > 分离"命令，将它们分离成矢量图形，才能使用橡皮擦工具擦除它们的部分或全部。

知识提示

3.3.6　任意变形工具

在制作图形的过程中，我们可以应用任意变形工具来改变图形的大小及倾斜度。

打开云盘中的"基础素材 > Ch03 > 11"文件，如图 3-196 所示。选择"任意变形"工具，框选中图形，在图形的周围出现控制点，如图 3-197 所示。按住 Alt+Shift 组合键的同时，拖曳控制点，非中心等比例改变图形的大小，如图 3-198 和图 3-199 所示。（按住 Shift 键，再拖动控制点，可以以中心点等比例缩放图形；按住 Alt 键，可以非中心缩放图形。）

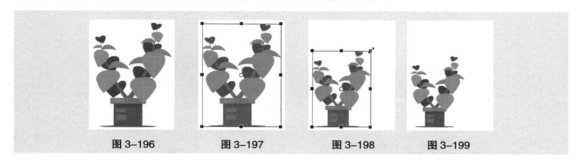

图 3-196　　　　图 3-197　　　　图 3-198　　　　图 3-199

鼠标指针位于 4 个角的控制点上时变为↻，如图 3-200 所示，此时可拖动鼠标旋转图形，如图 3-201 和图 3-202 所示。

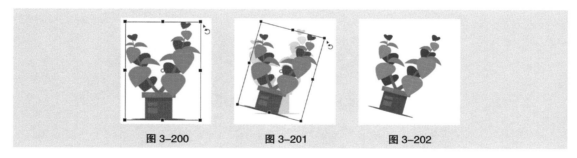

图 3-200　　　　　　图 3-201　　　　　　图 3-202

系统在工具箱的下方设置了 4 种变形按钮可供选择，如图 3-203 所示。

"旋转与倾斜"按钮：选中图形，单击"旋转与倾斜"按钮，将鼠标指针放在图形上方中间的控制点上，鼠标指针变为⇌，按住鼠标不放，向右水平拖曳控制点，如图 3-204 所示，松开鼠标，图形变为倾斜，如图 3-205 所示。

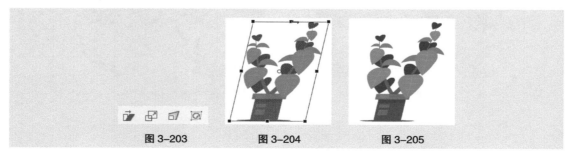

图 3-203　　　　　　图 3-204　　　　　　图 3-205

"缩放"按钮 🔲：选中图形，单击"缩放"按钮 🔲，将鼠标指针放在图形右上方的控制点上，鼠标指针变为 ↖，如图 3-206 所示，按住鼠标不放，向左下方拖曳控制点到适当的位置，如图 3-207 所示，松开鼠标，图形变小，如图 3-208 所示。

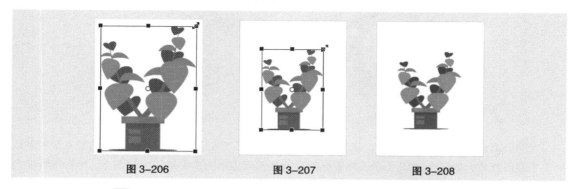

图 3-206   图 3-207   图 3-208

"扭曲"按钮 🔲：选中图形，单击"扭曲"按钮 🔲，将鼠标指针放在图形右上方的控制点上，鼠标指针变为 ↗，按住鼠标不放，向左下方拖曳控制点到适当的位置，如图 3-209 所示，松开鼠标，图形扭曲，如图 3-210 所示。

"封套"按钮 🔲：选中图形，单击"封套"按钮 🔲，图形周围出现一些节点，调节这些节点来改变图形的形状，鼠标指针变为 ↗，拖曳节点，如图 3-211 所示，松开鼠标，图形扭曲，如图 3-212 所示。

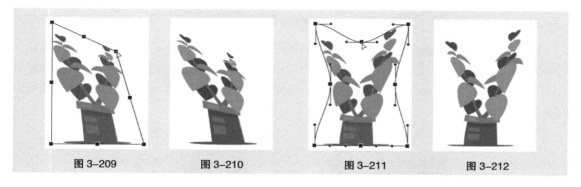

图 3-209   图 3-210   图 3-211   图 3-212

3.3.7 渐变变形工具

使用渐变变形工具可以改变选中图形中的填充渐变效果。当图形填充色为线性渐变色时，选择"渐变变形"工具 🔲，用鼠标单击图形，出现 3 个控制点和 2 条平行线，如图 3-213 所示。向图形中间拖动缩放控制点，渐变区域缩小，如图 3-214 所示，效果如图 3-215 所示。

图 3-213   图 3-214   图 3-215

将鼠标指针放置在旋转控制点上，鼠标指针变为 ；拖动旋转控制点可改变渐变区域的角度，如图 3-216 所示，效果如图 3-217 所示。

图 3-216　　　　　　　　　　　图 3-217

当图形填充色为径向渐变色时，选择"渐变变形"工具 ，用鼠标单击图形，出现 4 个控制点和 1 个圆形外框，如图 3-218 所示。将鼠标指针放在圆形边框的水平缩放控制点上，鼠标指针变为 ↔，向右拖动方向控制点，可水平拉伸渐变区域，如图 3-219 所示，效果如图 3-220 所示。

图 3-218　　　　　　　　　图 3-219　　　　　　　　　图 3-220

将鼠标指针放置在圆形边框的等比例缩放控制点上，鼠标指针变为 ，向图形内部拖动鼠标，可缩小渐变区域，如图 3-221 所示，效果如图 3-222 所示。将鼠标指针放置在圆形边框的旋转控制点上，鼠标指针变为 ，向上拖动旋转控制点，可改变渐变区域的角度，如图 3-223 所示，效果如图 3-224 所示。

图 3-221　　　　　　　　　　　图 3-222

图 3-223　　　　　　　　　　　图 3-224

知识提示

通过移动中心控制点可以改变渐变区域的位置。

3.3.8 "颜色"面板

选择"窗口 > 颜色"命令，或按 Ctrl+Shift+F9 组合键，可弹出"颜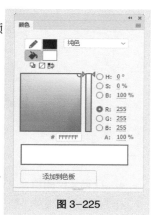色"面板。

1. 自定义纯色

选择"颜色"面板，在"颜色类型"选项的下拉列表中选择"纯色"选项，面板效果如图 3-225 所示。

图 3-225

"笔触颜色"按钮 ✐ ■：可以设定矢量线条的颜色。

"填充颜色"按钮 ♠ □：可以设定填充色的颜色。

"黑白"按钮 🔲：单击此按钮，线条与填充色恢复为系统默认的状态。

"无色"按钮 ☑：用于取消矢量线条或填充色块。当选择"椭圆"工具 ⬭ 或"矩形"工具 ⬛ 时，此按钮为可用状态。

"交换颜色"按钮 ⬌：单击此按钮，可以将线条颜色和填充色相互切换。

"H""S""B"和"R""G""B"项：可以用精确数值来设定颜色。

"A"项：用于设定颜色的不透明度，数值选取范围为 0 ~ 100。

"添加到色板"按钮：单击此按钮，可以将选择的颜色保存到色板中。

在面板左侧中间的颜色选择区域内，可以根据需要选择相应的颜色。

2. 自定义线性渐变色

在"颜色"面板的"颜色类型"选项的下拉列表中选择"线性渐变"选项，面板如图 3-226 所示。将鼠标指针放在滑动色带上，鼠标指针变为 ▸₊，如图 3-227 所示。在色带上单击鼠标左键增加颜色控制点，并在面板下方为新增加的控制点设定颜色及明度，如图 3-228 所示。当要删除控制点时，只需将控制点向色带下方拖曳即可。

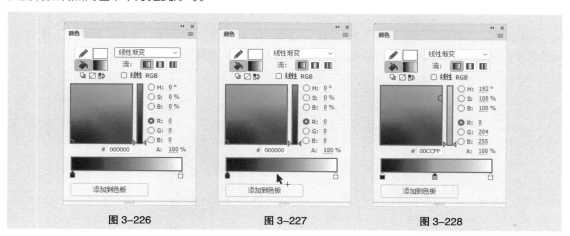

图 3-226   图 3-227   图 3-228

3. 自定义径向渐变色

在"颜色"面板的"颜色类型"选项下拉列表中选择"径向渐变"选项，面板效果如图 3-229 所示。

用与定义线性渐变色相同的方法在色带上定义径向渐变色。定义完成后，在面板的下方显示出定义的渐变色，如图 3-230 所示。

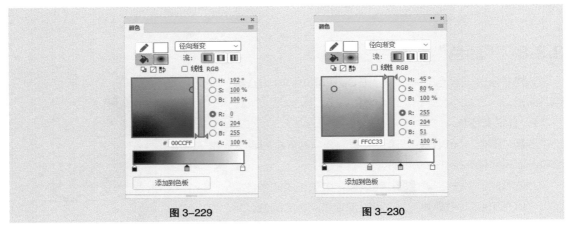

图 3-229   图 3-230

4. 自定义位图填充

在"颜色"面板的"颜色类型"选项下拉列表中选择"位图填充"选项，如图 3-231 所示。弹出"导入到库"对话框。在对话框中选择要导入的图片，如图 3-232 所示。

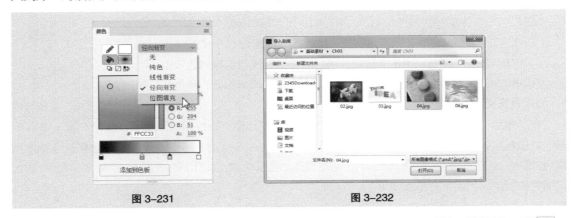

图 3-231   图 3-232

单击"打开"按钮，图片被导入到"颜色"面板中，如图 3-233 所示。选择"椭圆"工具 ⬭，在场景中绘制出一个椭圆形，椭圆被刚才导入的位图所填充，如图 3-234 所示。

图 3-233   图 3-234

3.4 文本工具

设计动画作品时，创作者常需要利用文字更清楚地表达自身的意图，而建立和编辑文字必须利用 Animate CC 2019 提供的文本工具才能实现。

3.4.1 课堂案例——制作女装 Banner 广告

【案例学习目标】使用"属性"面板设置文字的属性。

【案例知识要点】使用文本工具，输入文字；使用"分离"命令，将文字打散；使用"封套"命令，对文字进行编辑；使用"变形"面板，对图形进行旋转角度。效果如图 3-235 所示。

【效果所在位置】云盘 /Ch03/ 效果 / 制作女装 Banner 广告 .fla。

图 3-235

（1）在欢迎页的"详细信息"选项组中，将"宽"项设为 800，"高"项设为 450，"平台类型"选项的下拉列表中选择"ActionScript 3.0"选项，单击"创建"按钮，完成文档的创建。按 Ctrl+J 组合键，弹出"文档设置"对话框，将"舞台颜色"设为粉色（#FFB8DA），单击"确定"按钮，完成舞台颜色的修改。

（2）在"时间轴"面板中将"图层_1"重命名为"图片"，如图 3-236 所示。按 Ctrl+R 组合键，在弹出的"导入"对话框中，选择云盘中的"Ch03 > 素材 > 制作女装 Banner 广告 > 01"文件，单击"打开"按钮，文件被导入到舞台窗口中，如图 3-237 所示。

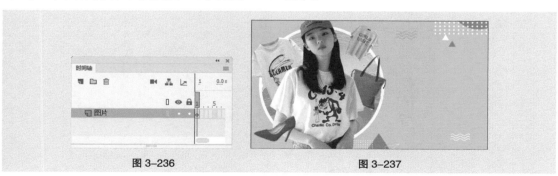

图 3-236　　　　　　　　　　　　　　图 3-237

（3）单击"时间轴"面板上方的"新建图层"按钮，创建新图层并将其命名为"标题文字"。选择"文本"工具 T，在文本工具"属性"面板中进行设置。在舞台窗口中适当的位置输入大小为 93、字母间距为 -5、字体为"方正兰亭粗黑简体"的白色文字，文字效果如图 3-238 所示。选择"选择"工具，选中文字，按 Ctrl+T 组合键，在弹出的"变形"对话框中，将"旋转"项设为 -2.5，如图 3-239 所示,效果如图 3-240 所示。

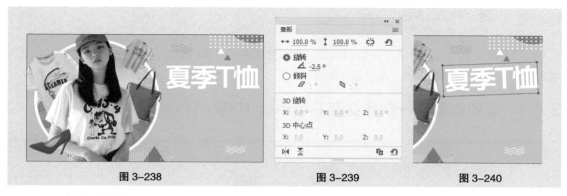

<table>
<tr><td>图 3-238</td><td>图 3-239</td><td>图 3-240</td></tr>
</table>

(4)保持文字的选取状态,按两次 Ctrl+B 组合键,将文字打散,如图 3-241 所示。选择"修改 > 变形 > 封套"命令,在文字图形上出现控制点,如图 3-242 所示。调整各个控制手柄将文字变形,效果如图 3-243 所示。

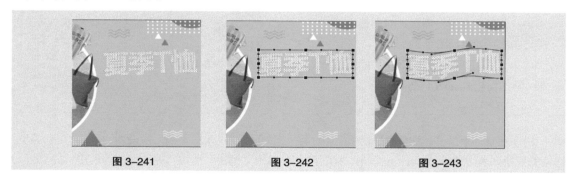

<table>
<tr><td>图 3-241</td><td>图 3-242</td><td>图 3-243</td></tr>
</table>

(5)单击"时间轴"面板上方的"新建图层"按钮, 创建新图层并将其命名为"价位"。选择"文本"工具 T , 在文本工具"属性"面板中进行设置。在舞台窗口中适当的位置输入大小为 88、字母间距为 3、字体为"方正兰亭粗黑简体"的黄色(#FEF500)文字,文字效果如图 3-244 所示。选择"选择"工具 , 选中文字,按 Ctrl+T 组合键,在弹出的"变形"对话框中,将"旋转"项设为 -2.5,效果如图 3-245 所示。

<table>
<tr><td>图 3-244</td><td>图 3-245</td></tr>
</table>

(6)单击"时间轴"面板上方的"新建图层"按钮, 创建新图层并将其命名为"分类"。选择"文本"工具 T , 在文本工具"属性"面板中进行设置。在舞台窗口中适当的位置输入大小为 42、字母间距为 -3、字体为"方正兰亭粗黑简体"的白色文字,文字效果如图 3-246 所示。

（7）单击"时间轴"面板上方的"新建图层"按钮，创建新图层并将其命名为"圆角矩形"。选择"基本矩形"工具，在基本矩形工具"属性"面板中，将"笔触颜色"设为无，"填充颜色"设为玫红色（#EE2F84），其他选项的设置如图 3-247 所示。在舞台窗口中绘制一个圆角矩形，效果如图 3-248 所示。

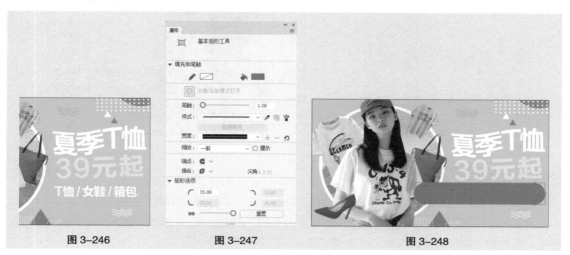

图 3-246　　　　　　图 3-247　　　　　　　　图 3-248

（8）在"时间轴"面板中将"圆角矩形"图层拖曳到"分类"图层的下方，如图 3-249 所示，效果如图 3-250 所示。

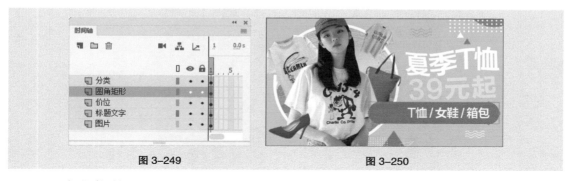

图 3-249　　　　　　　　　图 3-250

（9）在"时间轴"面板中，按住 Shift 键的同时单击"分类"图层，将"分类"图层与"圆角矩形"图层同时选中，如图 3-251 所示。在"变形"面板中，将"旋转"项设为 -1.5，效果如图 3-252 所示。

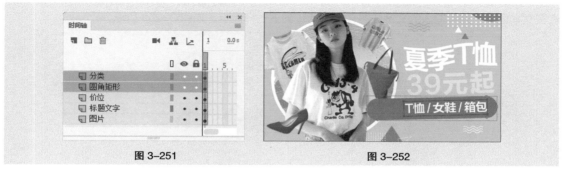

图 3-251　　　　　　　　　图 3-252

（10）在"时间轴"面板中，将"分类"图层和"圆角矩形"图层拖曳到"图片"图层的下方，如图 3-253 所示，效果如图 3-254 所示。女装 Banner 广告制作完成，按 Ctrl+Enter 组合键即可查看效果。

图 3-253　　　　　　　　　　　　　　　图 3-254

3.4.2　创建文本

选择"文本"工具 $\boxed{T}$ ，选择"窗口 > 属性"命令，弹出文本工具"属性"面板，如图 3-255 所示。

将鼠标指针放置在舞台窗口中，鼠标指针变为 时，单击鼠标，出现文本输入光标，如图 3-256 所示。直接输入文字即可，效果如图 3-257 所示。

图 3-255　　　　　　　图 3-256　　　　　　　图 3-257

在舞台窗口中单击并拖曳鼠标绘制文本框，如图 3-258 所示。在文本框中输入文字，文字被限定在文本框中。如果输入的文字较多，会自动转到下一行显示，如图 3-259 所示。

图 3-258　　　　　　　　　　　图 3-259

用鼠标向左拖曳文本框右上方的方形控制点，可以缩小文字的行宽，如图 3-260 所示。向右拖曳控制点可以扩大文字的行宽，如图 3-261 所示。

　　双击文本框右上方的方形控制点，如图 3-262 所示，文字将转换成单行显示状态，方形控制点转换为圆形控制点，如图 3-263 所示。

図 3-260　　　　　图 3-261　　　　　图 3-262　　　　　图 3-263

3.4.3　文本属性

　　下面我们以"传统文本"为例对各文字调整选项逐一介绍。文本"属性"面板如图 3-264 所示。

1. 设置文本的字体、字体大小、样式和颜色

　　"系列"选项：设定选定字符或整个文本块的文字字体。

　　选中文字，如图 3-265 所示，选择文本工具"属性"面板，在"字符"选项组中单击"系列"选项，在弹出的下拉列表中选择要转换的字体，如图 3-266 所示，单击鼠标，文字的字体被转换，效果如图 3-267 所示。

图 3-264　　　　　图 3-265　　　　　　　图 3-266　　　　　　图 3-267

　　"大小"数值项：设定选定字符或整个文本块的文字大小。数值项的值越大，文字越大。

　　选中图 3-268 所示的文字，在文本工具"属性"面板中，单击"大小"数值框，如图 3-269 所示，在数值框中输入设定的数值，按 Enter 键确定操作。或直接用鼠标在"大小"数值项的数字上拖动来进行设定，如图 3-270 所示。文字的字号变大，如图 3-271 所示。

图 3-268　　　　　图 3-269　　　　　　　图 3-270　　　　　　图 3-271

“文本（填充）颜色”按钮 颜色：□：为选定字符或整个文本块的文字设定颜色。

选中图 3-272 所示的文字，在文本工具“属性”面板中单击“颜色”按钮，在弹出的色板中选择需要的颜色，如图 3-273 所示，为文字替换颜色，如图 3-274 所示。

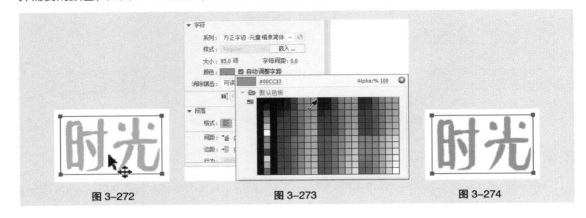

图 3-272　　　　　　　　　　图 3-273　　　　　　　　　　图 3-274

文字只能使用纯色，不能使用渐变色。要想为文本应用渐变，必须将该文本转换为组成它的线条和填充。

“改变文本方向”按钮 ⮐ ∨：在其下拉列表中选择需要的选项可以改变文字的排列方向。

选中文字，如图 3-275 所示。单击“改变文本方向”按钮 ⮐ ∨，在其下拉列表中选择“垂直”命令，如图 3-276 所示，文字将从右向左排列，效果如图 3-277 所示。如果在其下拉列表中选择“垂直，从左向右”命令，如图 3-278 所示，文字将从左向右排列，效果如图 3-279 所示。

图 3-275　　　　图 3-276　　　　图 3-277　　　　图 3-278　　　　图 3-279

“字母间距”选项 字母间距：0.0：通过设置需要的数值，控制字符之间的相对位置。

设置不同的文字间距，文字的效果如图 3-280 所示。

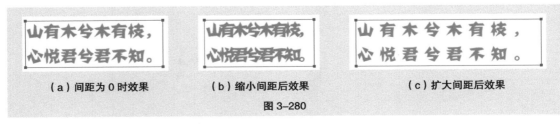

（a）间距为 0 时效果　　　　（b）缩小间距后效果　　　　（c）扩大间距后效果

图 3-280

“切换上标”按钮 T¹：可将水平文本放在基线之上或将垂直文本放在基线的右边。

"切换下标"按钮 $\boxed{T_1}$ ：可将水平文本放在基线之下或将垂直文本放在基线的左边。

选中要设置字符位置的文字，单击"切换上标"按钮，文字变为在基线以上，如图3-281所示。

图3-281

设置不同字符位置，文字的效果如图3-282所示。

（a）正常位置　　　　　　　　（b）上标位置　　　　　　　　（c）下标位置

图3-282

2. 字体呈现方法

Animate CC 2019中有5种不同的字体呈现选项，如图3-283所示。通过设置可以得到不同的样式。

图3-283

"使用设备字体"：选择此选项将生成一个较小的SWF文件，并采用用户计算机上当前安装的字体来呈现文本。

"位图文本[无消除锯齿]"：选择此选项将生成明显的文本边缘，没有消除锯齿。因为此选项生成的SWF文件中包含字体轮廓，所以生成的SWF文件较大。

"动画消除锯齿"：选择此选项将生成可顺畅进行动画播放的消除锯齿文本。因为在文本动画播放时没有应用对齐和消除锯齿，所以在某些情况下，文本动画还可以更快地播放。在使用带有许多字母的大字体或缩放字体时，可能看不到性能上的提高。因为此选项生成的SWF文件中包含字体轮廓，所以生成的SWF文件较大。

"可读性消除锯齿"：选择此选项将使用高级消除锯齿引擎，提供了品质最高和最易读的文本表现。因为此选项生成的文件中包含字体轮廓，以及特定的消除锯齿信息，所以生成的SWF文件最大。

"自定义消除锯齿"：选择此选项与"可读性消除锯齿"选项相同，但是可以直观地操作消除锯齿参数，以生成特定外观。此选项在为新字体或不常见的字体生成最佳的外观方面非常有用。

3. 设置字符与段落

利用文本排列方式的各个按钮可以将文字以不同的形式进行排列。

"左对齐"按钮 $\boxed{\equiv}$ ：将文字以文本框的左边线进行对齐。

"居中对齐"按钮 $\boxed{\equiv}$ ：将文字以文本框的中线进行对齐。

"右对齐"按钮▤：将文字以文本框的右边线进行对齐。

"两端对齐"按钮▤：将文字以文本框的两端进行对齐。

在舞台窗口输入一段文字，选择不同的排列方式，文字排列的效果如图 3-284 所示。

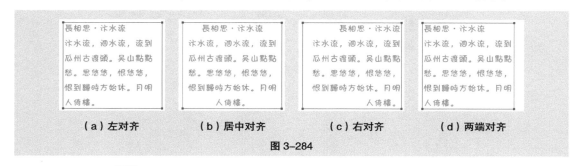

（a）左对齐　　　　（b）居中对齐　　　　（c）右对齐　　　　（d）两端对齐

图 3-284

"缩进"选项 ⁺≡：用于调整文本段落的首行缩进。

"行距"选项 ≡：用于调整文本段落的行距。

"左边距"选项 ⊩：用于调整文本段落的左侧间隙。

"右边距"选项 ⊪：用于调整文本段落的右侧间隙。

选中文本段落，如图 3-285 所示。在"段落"选项中进行设置，如图 3-286 所示。文本段落的格式发生改变，如图 3-287 所示。

图 3-285　　　　　　　　　图 3-286　　　　　　　　　图 3-287

4. 设置文本超链接

"链接"项：可以在该项的文本框中直接输入网址，使当前文字成为超级链接文字。

"目标"选项：可以设置超级链接的打开方式，共有 4 种方式可以选择。

"_blank"：链接页面在新打开的浏览器中打开。

"_parent"：链接页面在父框架中打开。

"_self"：链接页面在当前框架中打开。

"_top"：链接页面在默认的顶部框架中打开。

选中文字，如图 3-288 所示。选择文本工具"属性"面板，在"链接"项的文本框中输入链接的网址，如图 3-289 所示。在"目标"选项中设置好打开方式。设置完成后文字的下方出现下划线，表示已经链接，如图 3-290 所示。

图 3-288　　　　　　　　　图 3-289　　　　　　　　　图 3-290

知识提示　　　文本只有在水平方向排列时，超链接功能才可用。当文本为垂直方向排列时，超链接则不可用。

3.4.4　静态文本

选择"静态文本"选项，"属性"面板如图 3-291 所示。

"可选"按钮 ：选择此项，当文件输出为 SWF 格式时，可以对影片中的文字进行选取、复制操作。

3.4.5　动态文本

动态文本可以作为对象来应用。选择"动态文本"选项，"属性"面板如图 3-292 所示。

"实例名称"文本框：可以设置动态文本的名称。

"将文本呈现为 HTML"选项 ：文本支持 HTML 标签特有的字体格式、超级链接等超文本格式。

"在文本周围显示边框"选项 ：可以为文本设置白色的背景和黑色的边框。

"段落"选项组中的"行为"选项包括：单行、多行和多行不换行。"单行"：文本以单行方式显示。"多行"：如果输入的文本大于设置的文本限制，输入的文本将被自动换行。"多行不换行"：输入的文本为多行时，不会自动换行。

3.4.6　输入文本

选择"输入文本"选项，"属性"面板如图 3-293 所示。

"段落"选项组中的"行为"选项新增加了"密码"选项，选择此选项，当文件输出为 SWF 格式时，影片中的文字将显示为星号（****）。

"选项"选项组中的"最大字符数"项，可以设置输入文字的最多数值。默认值为 0，即为不限制；如设置数值，此数值即为输出 SWF 影片时显示文字的最多数目。

图 3-291　　　　　　　　　图 3-292　　　　　　　　　图 3-293

3.5　课堂练习——绘制引导页中的游戏机插画

【练习知识要点】使用基本矩形工具、矩形工具、椭圆工具、钢笔工具、多角星形工具和线条工具，来完成引导页中的插画绘制。

【效果所在位置】云盘 /Ch03/ 效果 / 绘制引导页中的游戏机插画 .fla，如图 3-294 所示。

图 3-294

3.6　课后习题——绘制引导页中的汉堡插画

【习题知识要点】使用颜料桶工具、墨水瓶工具、任意变形工具、渐变变形工具，来完成引导页中的汉堡绘制。

【素材所在位置】云盘 /Ch03/ 素材 / 绘制引导页中的汉堡插图 /01。

【效果所在位置】云盘 /Ch03/ 效果 / 绘制引导页中的汉堡插图 .fla，如图 3-295 所示。

图 3-295

第4章
对象与元件

04

▶ 本章介绍

　　使用工具栏中的工具创建的向量图形相对来说比较单调，如果能结合修改对象的各种菜单命令修改图形，就可以改变原图形的形状、线条等，并且可以将多个图形组合起来，达到所需要的图形效果。

　　在 Animate CC 2019 中，元件起着举足轻重的作用。通过重复应用元件，可以提高工作效率、减少文件量。

　　本章将详细介绍 Animate CC 2019 编辑、修饰对象的功能及元件的创建、编辑、应用方法，以及"库"面板的使用方法。通过对本章的学习，读者可以掌握编辑和修饰对象的各种方法和技巧，了解并掌握如何应用元件的相互嵌套及重复应用来制作出变化无穷的动画效果。

学习目标

- ●掌握对象的变形方法和技巧。
- ●掌握对象的修饰方法和技巧。
- ●掌握对象的对齐方法和技巧。
- ●熟悉元件的类型。
- ●掌握元件的创建方法。

技能目标

- ●掌握"闪屏页中插画"的绘制方法和技巧。
- ●掌握"时尚插画"的绘制方法和技巧。
- ●掌握"美食网页"的制作方法和技巧。
- ●掌握"购物卡片"的制作方法和技巧。

慕课视频

对象与元素

4.1 对象的变形

应用"变形"命令可以对选择的对象进行变形修改，如扭曲、缩放、倾斜、旋转和封套等，还可以根据需要对对象进行组合、分离、叠放、对齐等一系列操作，从而达到制作的要求。

4.1.1 课堂案例——绘制闪屏页中插画

【案例学习目标】使用不同的"变形"命令编辑图形。

【案例知识要点】使用椭圆工具、任意变换工具和矩形工具，绘制表盘图形；使用多角星形工具、"垂直翻转"命令，制作指针图形；使用"对齐"命令，将对象居中对齐。效果如图4-1所示。

【效果所在位置】云盘/Ch04/效果/绘制闪屏页中插画.fla。

图 4-1

1. 绘制刻度盘

（1）选择"文件 > 新建"命令，弹出"新建文档"对话框。在"详细信息"选项组中，将"宽"项设为320，"高"项设为360，"平台类型"选项的下拉列表中选择"ActionScript 3.0"选项，单击"创建"按钮，完成文档的创建。

（2）将"图层1"重命名为"圆形"，如图4-2所示。选择"椭圆"工具 ◯，在工具箱中将"笔触颜色"设为无，"填充颜色"设为黑色（#231916），单击工具箱下方的"对象绘制"按钮 ◙，按住Shift键的同时，在舞台窗口中绘制一个圆形。

（3）选择"选择"工具 ▶，选中舞台窗口中的黑色圆形，在绘制对象"属性"面板中，将"宽"项和"高"项均设为282，"X"项设为18、"Y"项设为59，如图4-3所示，效果如图4-4所示。

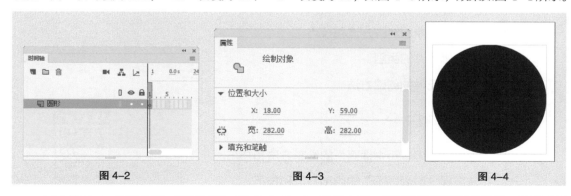

图 4-2   图 4-3   图 4-4

（4）按Ctrl+C组合键，将其复制。按Ctrl+Shift+V组合键，将复制的图形原位粘贴。选择"任意变形"工具 ⬚，在图形的周围出现控制框，如图4-5所示。将鼠标指针放置在右上方的控制点上，鼠标指针变为 ↖ 时，按住Alt+Shift组合键的同时，向左下方拖曳鼠标到适当的位置，如图4-6所示，

Animate CC 2019 核心应用案例教程（全彩慕课版）

松开鼠标缩放图形。在工具箱中将"填充颜色"设为白色，效果如图4-7所示。

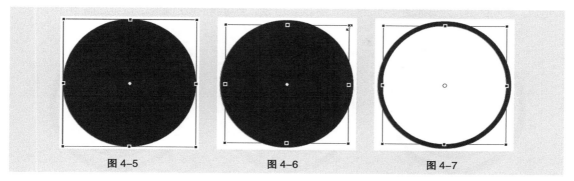

图4-5　　　　　　　　图4-6　　　　　　　　图4-7

（5）按Ctrl+Shift+V组合键，将复制的图形原位粘贴。在图形的周围出现控制框。将鼠标指针放置在右上方的控制点上，鼠标指针变为 ↗ 时，按住Alt+Shift组合键的同时，向左下方拖曳鼠标到适当的位置，如图4-8所示，松开鼠标缩放图形。

（6）按Ctrl+Shift+V组合键，将复制的图形原位粘贴。在图形的周围出现控制框。将鼠标指针放置在右上方的控制点上，鼠标指针变为 ↗ 时，按住Alt+Shift组合键的同时，向左下方拖曳鼠标到适当的位置，如图4-9所示，松开鼠标缩放图形。在工具箱中将"填充颜色"设为青色（#70C1E9），效果如图4-10所示。

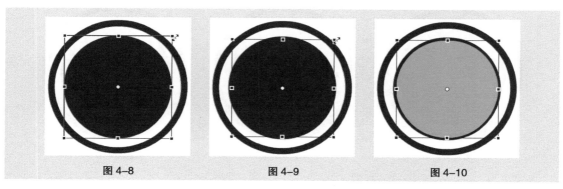

图4-8　　　　　　　　图4-9　　　　　　　　图4-10

（7）按Ctrl+C组合键，复制青色圆形。在"时间轴"面板中创建新图层并将其命名为"内阴影"，如图4-11所示。按Ctrl+Shift+V组合键，将复制的圆形原位粘贴到"内阴影"图层中。在工具箱中将"填充颜色"设为深蓝色（#65ADD1），效果如图4-12所示。按Ctrl+B组合键，将图形打散，效果如图4-13所示。

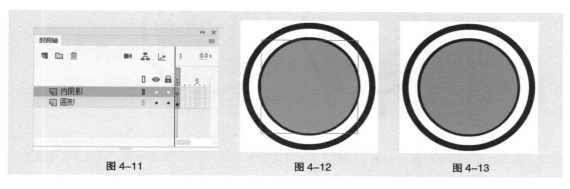

图4-11　　　　　　　　图4-12　　　　　　　　图4-13

（8）选择"选择"工具 ▶，选中图 4-14 所示的图形。按住 Alt 键的同时向下拖曳鼠标到适当的位置，复制图形，效果如图 4-15 所示。按 Delete 键，将复制的图形删除，效果如图 4-16 所示。

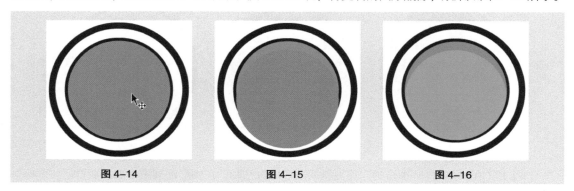

图 4-14　　　　　　　　　　图 4-15　　　　　　　　　　图 4-16

（9）在"时间轴"面板中创建新图层并将其命名为"刻度"。选择"矩形"工具 ▢，在矩形工具"属性"面板中，将"笔触颜色"设为无，"填充颜色"设为深蓝色（#4186AE），在舞台窗口中绘制一个矩形，如图 4-17 所示。

（10）选择"选择"工具 ▶，选中图 4-18 所示的图形，按住 Alt+Shift 组合键的同时，向下拖曳鼠标到适当的位置，复制图形，效果如图 4-19 所示。

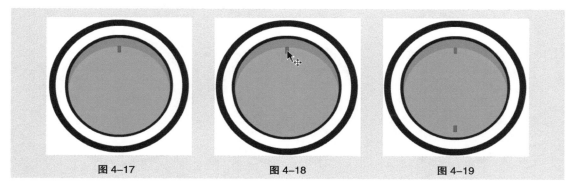

图 4-17　　　　　　　　　　图 4-18　　　　　　　　　　图 4-19

（11）在"时间轴"面板中单击"刻度"图层，将该层中的对象全部选中，如图 4-20 所示。按 Ctrl+G 组合键，将选中的对象编组，效果如图 4-21 所示。

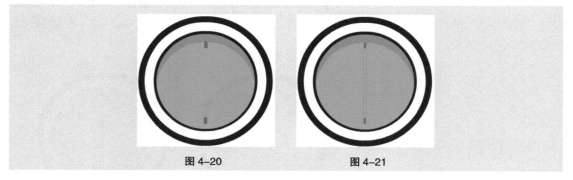

图 4-20　　　　　　　　　图 4-21

（12）按 Ctrl+T 组合键，弹出"变形"面板，单击"重制选区和变形"按钮 ▣，复制出一个图形。将"旋转"项设为 45，如图 4-22 所示，效果如图 4-23 所示。再次单击"重制选区和变形"按钮 ▣ 2 次复制图形，效果如图 4-24 所示。

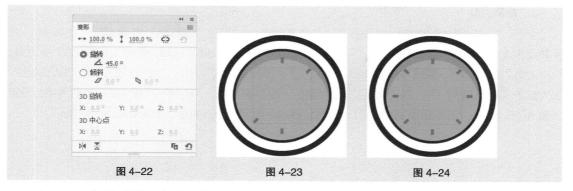

图 4-22   图 4-23   图 4-24

（13）在"时间轴"面板中，按住 Ctrl 键的同时将"圆形"图层和"刻度"图层同时选中，如图 4-25 所示。选择"修改 > 对齐 > 水平居中"命令，将选中的图形水平居中对齐，效果如图 4-26 所示。选择"修改 > 对齐 > 垂直居中"命令，将选中的图形垂直居中对齐，效果如图 4-27 所示。

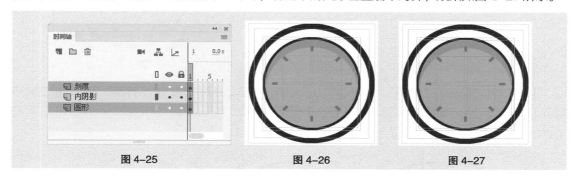

图 4-25   图 4-26   图 4-27

（14）在"时间轴"面板中创建新图层并将其命名为"文字"。选择"文本"工具 T ，在文本工具"属性"面板中进行设置。在舞台窗口中适当的位置输入大小为 12、字体为"Showcard Gothic"的黑色（#231916）英文，文字效果如图 4-28 所示。选择"选择"工具 ，选中英文"COMPASS"，如图 4-29 所示，按两次 Ctrl+B 组合键，将其打散，效果如图 4-30 所示。

图 4-28   图 4-29   图 4-30

（15）选择"修改 > 变形 > 封套"命令，在文字周围出现控制手柄，如图 4-31 所示。调整各个控制手柄将文字变形，效果如图 4-32 所示。按 Ctrl+G 组合键，将其编组，效果如图 4-33 所示。

图 4-31   图 4-32   图 4-33

2. 绘制指针

（1）在"时间轴"面板中创建新图层并将其命名为"指针"。选择"多角星形"工具 🔵，在多角星形工具"属性"面板中，单击"工具设置"选项组中的"选项"按钮，弹出"工具设置"对话框，将"边数"项设为 3，其他项设置如图 4-34 所示，单击"确定"按钮，完成设置。将"填充颜色"设为红色（#EA5F61），"笔触颜色"设为黑色（#231916），"笔触"项设为 3，其他选项的设置如图 4-35 所示。按住 Shift 键的同时，在舞台窗口中绘制一个三角形，效果如图 4-36 所示。

图 4-34　　　　　　　图 4-35　　　　　　　图 4-36

（2）选择"选择"工具 ▶，选中绘制的三角形，选择"修改 > 变形 > 封套"命令，在三角形周围出现控制手柄，如图 4-37 所示。调整各个控制手柄将三角形变形，效果如图 4-38 所示。单击工具箱下方的"缩放"按钮 🔲，将中心点移动到图 4-39 所示的位置。

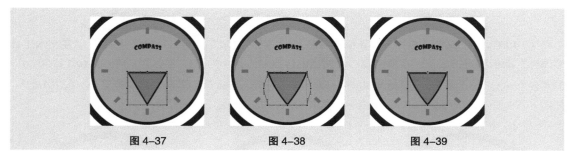

图 4-37　　　　　　　图 4-38　　　　　　　图 4-39

（3）按 Ctrl+T 组合键，弹出"变形"面板，单击"重制选区和变形"按钮 🔲，复制出一个图形，选择"修改 > 变形 > 垂直翻转"，将选中的图形垂直翻转，效果如图 4-40 所示。在工具箱中将"填充颜色"设为白色，效果如图 4-41 所示。

（4）在"时间轴"面板中单击"指针"图层，将该层中的对象全部选中，按 Ctrl+G 组合键，将选中的对象编组，效果如图 4-42 所示。

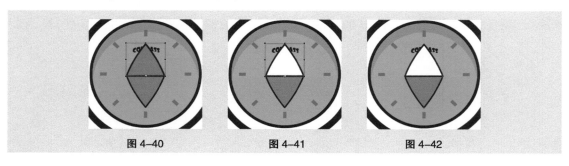

图 4-40　　　　　　　图 4-41　　　　　　　图 4-42

（5）在"变形"面板中，将"旋转"项设为45，如图4-43所示，效果如图4-44所示。

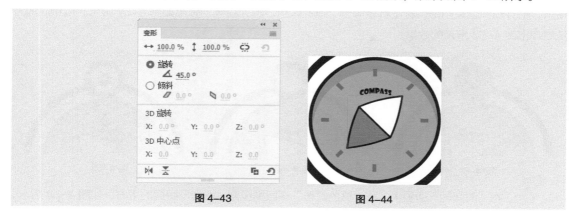

图4-43 图4-44

（6）在"时间轴"面板中，按住Ctrl键的同时将"圆形"图层、"刻度"图层和"指针"图层同时选中，如图4-45所示。选择"修改 > 对齐 > 水平居中"命令，将选中的图形水平居中对齐，效果如图4-46所示。选择"修改 > 对齐 > 垂直居中"命令，将选中的图形垂直居中对齐，效果如图4-47所示。

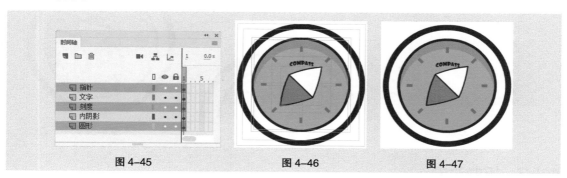

图4-45 图4-46 图4-47

（7）在"时间轴"面板中创建新图层并将其命名为"黑色圆形"，如图4-48所示。选择"椭圆"工具 ⬭ ，在工具箱中将"笔触颜色"设为无，"填充颜色"设为黑色（#231916），按住Shift键的同时，在舞台窗口中绘制一个圆形，效果如图4-49所示。

（8）按Ctrl+C组合键，复制图形。在"时间轴"面板中创建新图层并将其命名为"圆形2"，如图4-50所示。按Ctrl+Shift+V组合键，将复制的图形原位粘贴到"圆形2"图层中。

图4-48 图4-49 图4-50

（9）选择"任意变形"工具 ▦ ，在图形的周围出现控制框。将鼠标指针放置在右上方的控制点上，指针变为 ↖ 时，按住 Alt+Shift 组合键的同时，向左下方拖曳鼠标到适当的位置，如图 4-51 所示，松开鼠标缩放图形。在工具箱中将"填充颜色"设为白色，效果如图 4-52 所示。用相同的方法制作出图 4-53 所示的效果。

图 4-51　　　　　　　　　　　图 4-52　　　　　　　　　　　图 4-53

（10）在"时间轴"面板中，将"黑色圆形"图层拖曳到"圆形"图层的下方，如图 4-54 所示，效果如图 4-55 所示。闪屏页中插画绘制完成，按 Ctrl+Enter 组合键即可查看效果，如图 4-56 所示。

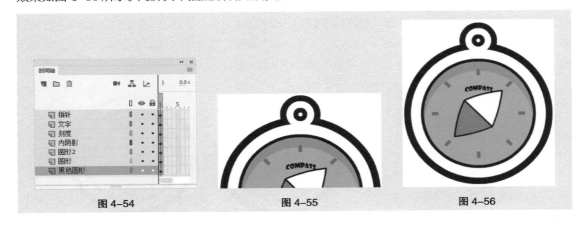

图 4-54　　　　　　　　　　　图 4-55　　　　　　　　　　　图 4-56

4.1.2　扭曲对象

打开云盘中的"基础素材 > Ch04 > 01"文件。选择"修改 > 变形 > 扭曲"命令，在当前选择的图形上出现控制点，如图 4-57 所示。鼠标指针变为 ▷，拖曳右上方控制点，如图 4-58 所示。拖曳四角的控制点可以改变图形顶点的形状，效果如图 4-59 所示。

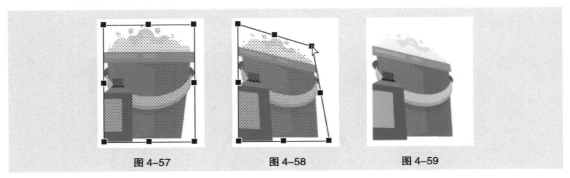

图 4-57　　　　　　　　　　　图 4-58　　　　　　　　　　　图 4-59

4.1.3　封套对象

选择"修改 > 变形 > 封套"命令，在当前选择的图形上出现控制点，如图 4-60 所示。鼠标指

针变为 ⤵，用鼠标拖曳控制点，如图 4-61 所示，使图形产生相应的弯曲变化，效果如图 4-62 所示。

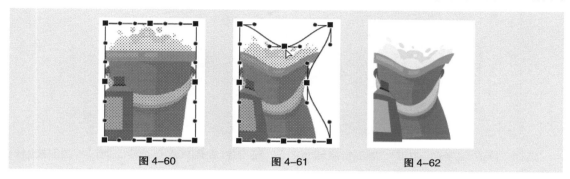

图 4-60　　　　　　　　图 4-61　　　　　　　　图 4-62

4.1.4　缩放对象

　　选择"修改 > 变形 > 缩放"命令，在当前选择的图形上出现控制点，如图 4-63 所示。鼠标指针变为 ⤢，按住 Alt 键的同时，按住鼠标不放，向左下方拖曳右上方的控制点，如图 4-64 所示，可成比例地改变图形的大小，效果如图 4-65 所示。

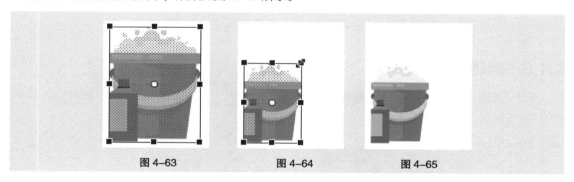

图 4-63　　　　　　　　图 4-64　　　　　　　　图 4-65

4.1.5　旋转与倾斜对象

　　选择"修改 > 变形 > 旋转与倾斜"命令，在当前选择的图形上出现控制点，如图 4-66 所示。用鼠标拖曳上方中间的控制点倾斜图形，鼠标指针变为 ⇆，按住鼠标不放，向右水平拖曳控制点，如图 4-67 所示，松开鼠标，图形变为倾斜，效果如图 4-68 所示。

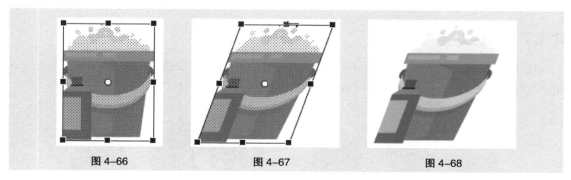

图 4-66　　　　　　　　图 4-67　　　　　　　　图 4-68

　　将鼠标指针放在右上角的控制点上时，鼠标指针变为 ↻，如图 4-69 所示。拖曳控制点可旋转图形，如图 4-70 所示，旋转完成后的效果如图 4-71 所示。

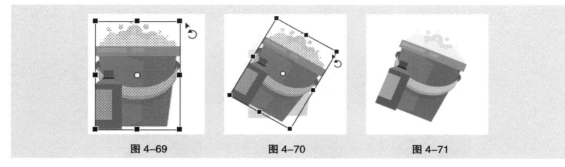

图 4-69　　　　　　　　　　图 4-70　　　　　　　　　　图 4-71

选择"修改 > 变形"中的"顺时针旋转 90°""逆时针旋转 90°"命令，可以将图形按照规定的度数进行旋转，效果如图 4-72 和图 4-73 所示。

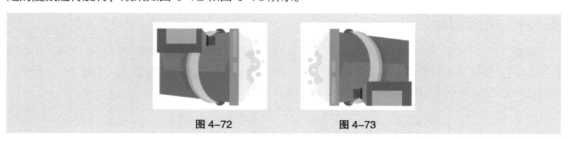

图 4-72　　　　　　　　　　图 4-73

4.1.6　翻转对象

选择"修改 > 变形"中的"垂直翻转""水平翻转"命令，可以将图形进行翻转，效果如图 4-74 和图 4-75 所示。

图 4-74　　　　　　　　　　图 4-75

4.1.7　组合对象

打开云盘中的"基础素材 > Ch04 > 02"文件。选中多个图形，如图 4-76 所示。选择"修改 > 组合"命令，或按 Ctrl+G 组合键，可将选中的图形进行组合，如图 4-77 所示。

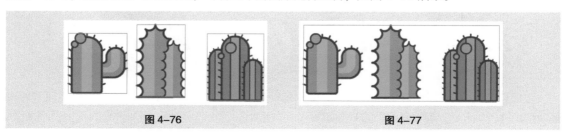

图 4-76　　　　　　　　　　　　　　　图 4-77

4.1.8　分离对象

要修改多个图形的组合，以及图像、文字或组件的一部分时，可以使用"修改 > 分离"命令。另外，制作变形动画时，需用"分离"命令将图形的组合、图像、文字或组件转变成图形。

选中图形组合，如图 4-78 所示。选择"修改 > 分离"命令，或按 Ctrl+B 组合键，可将组合的图形打散。多次使用"分离"命令的效果如图 4-79 所示。

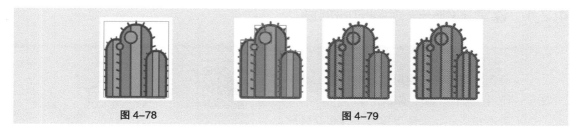

图 4-78　　　　　　　　　　　　　　　图 4-79

4.1.9　叠放对象

制作复杂图形时，多个图形的叠放次序不同，会产生不同的效果，可以通过"修改 > 排列"中的命令实现不同的叠放效果。

如果要将图形移动到所有图形的顶层，选中要移动的图形，如图 4-80 所示，选择"修改 > 排列 > 移至顶层"命令，即可将选中的图形移动到所有图形的顶层，效果如图 4-81 所示。

知识提示　　可叠放的对象只能是图形的组合或组件。

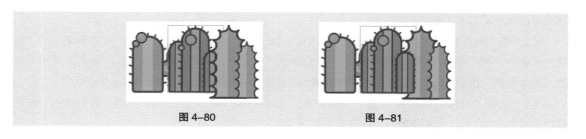

图 4-80　　　　　　　　　　　　　　　图 4-81

4.1.10　对齐对象

当选择多个图形、图像的组合或组件时，可以通过"修改 > 对齐"中的命令调整它们的相对位置。

如果要将多个图形的底部对齐，选中多个图形，如图 4-82 所示，选择"修改 > 对齐 > 底对齐"命令，即可将所有图形的底部对齐，效果如图 4-83 所示。

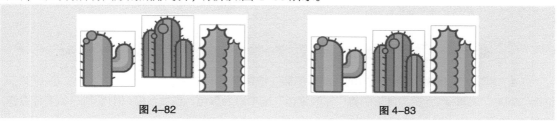

图 4-82　　　　　　　　　　　　　　　图 4-83

4.2 对象的修饰

在制作动画的过程中，我们可以应用 Animate CC 2019 自带的一些命令，对曲线进行优化，将线条转换为填充，对填充色进行修改或对填充边缘进行柔化处理。

4.2.1 课堂案例——绘制时尚插画

【案例学习目标】使用不同的绘图工具绘制图形，使用"形状"命令编辑图形。

【案例知识要点】使用钢笔工具和颜料桶工具，绘制云彩效果；使用椭圆工具，绘制太阳；使用"柔化填充边缘"命令，制作云彩和太阳的虚化边缘效果。效果如图 4-84 所示。

【效果所在位置】云盘 /Ch04/ 效果 / 绘制时尚插画 .fla。

扫码观看本案例视频

扫码查看扩展案例

图 4-84

1. 绘制小山和草地

（1）在欢迎页的"详细信息"选项组中，将"宽"项设为 600，"高"项设为 600，"平台类型"选项的下拉列表中选择"ActionScript 3.0"选项，单击"创建"按钮，完成文档的创建。按 Ctrl+J 组合键，弹出"文档设置"对话框，将"舞台颜色"设为淡黄色（#F6F4DB），单击"确定"按钮，完成舞台颜色的修改。

（2）将"图层 1"重命名为"小山 1"，如图 4-85 所示。选择"钢笔"工具 ，在钢笔工具"属性"面板中，将"笔触颜色"设为黑色，"填充颜色"设为无，"笔触"项设为 1，单击工具箱下方的"对象绘制"按钮 ◎，将其选中，在舞台窗口中绘制一条闭合边线，如图 4-86 所示。

（3）选择"选择"工具 ▶，选中闭合边线，如图 4-87 所示。在工具箱中将"填充颜色"设为黄色（#D9A84C），"笔触颜色"设为无，效果如图 4-88 所示。

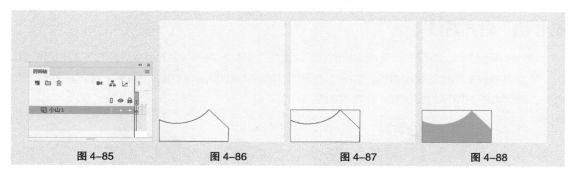

图 4-85　　　　　图 4-86　　　　　图 4-87　　　　　图 4-88

（4）单击"时间轴"面板上方的"新建图层"按钮 ，创建新图层并将其命名为"小山 2"。选择"钢笔"工具 ，在工具箱中将"笔触颜色"选项设为黑色，在舞台窗口中绘制一条闭合边线，如图 4-89 所示。

（5）选择"选择"工具 ▶ ，选中闭合边线，如图4-90所示。在工具箱中将"填充颜色"设为褐色（#A06916），"笔触颜色"设为无，效果如图4-91所示。

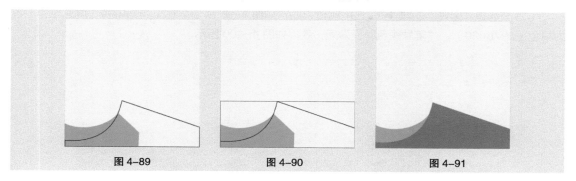

图4-89　　　　　　　　图4-90　　　　　　　　图4-91

（6）单击"时间轴"面板上方的"新建图层"按钮 ，创建新图层并将其命名为"阴影"。选择"钢笔"工具 ✎ ，在工具箱中将"笔触颜色"选项设为黑色，在舞台窗口中绘制一条闭合边线，如图4-92所示。

（7）选择"选择"工具 ▶ ，选中闭合边线，如图4-93所示。在工具箱中将"填充颜色"设为深褐色（#905D15），"笔触颜色"设为无，效果如图4-94所示。

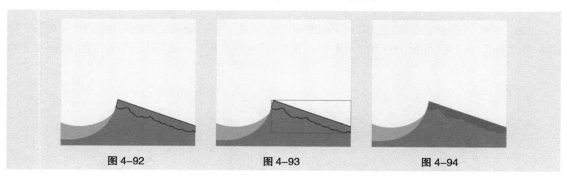

图4-92　　　　　　　　图4-93　　　　　　　　图4-94

（8）单击"时间轴"面板上方的"新建图层"按钮 ，创建新图层并将其命名为"草地1"。选择"钢笔"工具 ✎ ，在工具箱中将"笔触颜色"选项设为黑色，在舞台窗口中绘制一条闭合边线，如图4-95所示。

（9）选择"选择"工具 ▶ ，选中闭合边线，如图4-96所示。在工具箱中将"填充颜色"设为黄绿色（#ACC20D），"笔触颜色"设为无，效果如图4-97所示。

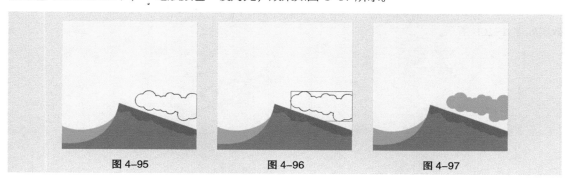

图4-95　　　　　　　　图4-96　　　　　　　　图4-97

（10）单击"时间轴"面板上方的"新建图层"按钮 ，创建新图层并将其命名为"草地2"。

选择"钢笔"工具 ，在工具箱中将"笔触颜色"选项设为黑色，在舞台窗口中绘制一条闭合边线，如图4-98所示。

（11）选择"选择"工具 ▶，选中闭合边线，如图4-99所示。在工具箱中将"填充颜色"设为绿色（#97B020），"笔触颜色"设为无，效果如图4-100所示。

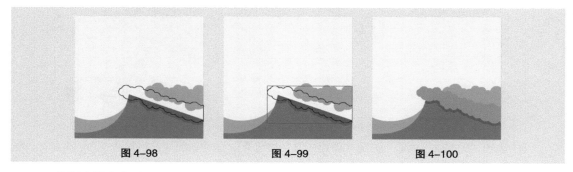

图4-98　　　　　　　　图4-99　　　　　　　　图4-100

2．绘制太阳和白云

（1）选择"文件 > 导入 > 导入到库"命令，在弹出的"导入到库"对话框中，选择云盘中的"Ch04 > 素材 > 绘制时尚插画 > 01"文件，单击"打开"按钮，文件被导入到"库"面板中，如图4-101所示。

（2）单击"时间轴"面板上方的"新建图层"按钮 ，创建新图层并将其命名为"小树"，如图4-102所示。将"库"面板中的图形元件"01"拖曳到舞台窗口中，并放置在适当的位置，如图4-103所示。

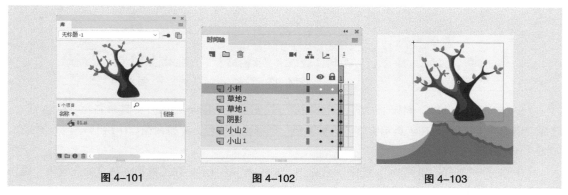

图4-101　　　　　　　　图4-102　　　　　　　　图4-103

（3）在"时间轴"面板中，将"小树"图层拖曳到"小山1"图层的下方，如图4-104所示，效果如图4-105所示。

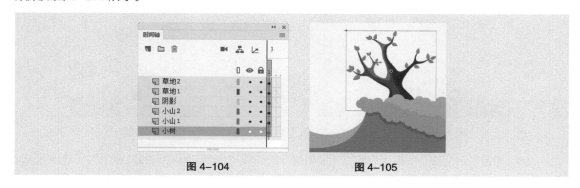

图4-104　　　　　　　　图4-105

（4）单击"时间轴"面板上方的"新建图层"按钮，创建新图层并将其命名为"太阳"。选择"椭圆"工具◯，在工具箱中将"笔触颜色"设为无，"填充颜色"设为黄色（#FDD200），按住 Shfit 键的同时，在舞台窗口中绘制一个圆形，如图 4-106 所示。

（5）保持图形的选取状态，选择"修改 > 形状 > 柔化填充边缘"命令，弹出"柔化填充边缘"对话框。在"距离"项的数值框中输入 100 像素，"步长数"项的数值框中输入 5，点选"扩展"单选项，如图 4-107 所示。单击"确定"按钮，效果如图 4-108 所示。

图 4-106　　　　　　　　图 4-107　　　　　　　　图 4-108

（6）在"时间轴"面板中，将"太阳"图层拖曳到"小树"图层的下方，如图 4-109 所示，效果如图 4-110 所示。

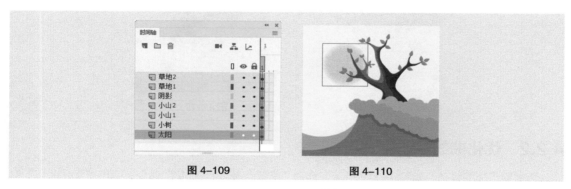

图 4-109　　　　　　　　　　图 4-110

（7）单击"时间轴"面板上方的"新建图层"按钮，创建新图层并将其命名为"白云"。选择"钢笔"工具✐，在工具箱中将"笔触颜色"选项设为黑色，在舞台窗口中绘制 1 条闭合边线，如图 4-111 所示。

（8）选择"选择"工具▶，选中闭合边线，如图 4-112 所示。在工具箱中将"填充颜色"设为白色，"笔触颜色"设为无，效果如图 4-113 所示。

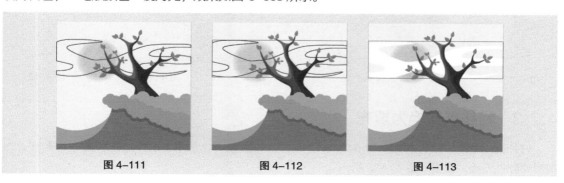

图 4-111　　　　　　　　图 4-112　　　　　　　　图 4-113

（9）保持图形的选取状态，选择"修改 > 形状 > 柔化填充边缘"命令，弹出"柔化填充边缘"对话框。在"距离"项的数值框中输入10像素，"步长数"项的数值框中输入5，点选"扩展"选项，如图4-114所示。单击"确定"按钮，效果如图4-115所示。

图 4-114   图 4-115

（10）在"时间轴"面板中，将"白云"图层拖曳到"太阳"图层的下方，如图4-116所示，效果如图4-117所示。时尚插画绘制完成，按Ctrl+Enter组合键即可查看效果。

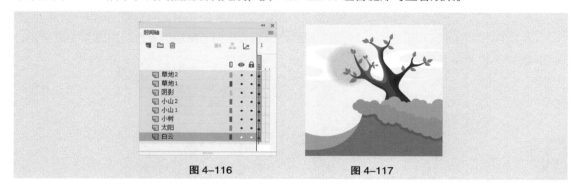

图 4-116   图 4-117

4.2.2 优化曲线

选中要优化的线条，如图4-118所示。选择"修改 > 形状 > 优化"命令，弹出"优化曲线"对话框，进行图4-119所示的设置后，单击"确定"按钮，弹出提示对话框，如图4-120所示，单击"确定"按钮，线条被优化，如图4-121所示。

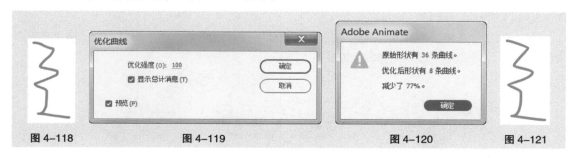

图 4-118   图 4-119   图 4-120   图 4-121

4.2.3 将线条转换为填充

打开云盘中的"基础素材 > Ch04 > 03"文件，如图4-122所示。选择"墨水瓶"工具 🖋️，为图形绘制外边线，效果如图4-123所示。

双击图形的外边线将其选中，选择"修改 > 形状 > 将线条转换为填充"命令，将外边线转换为填充色块，如图4-124所示。这时，可以选择"颜料桶"工具 ，为填充色块设置其他颜色，如图4-125所示。

图4-122　　　　图4-123　　　　图4-124　　　　图4-125

4.2.4　扩展填充

应用"扩展填充"命令可以将填充颜色向外扩展或向内收缩，扩展或收缩的数值可以由用户自定义设置。

1. 扩展填充色

打开云盘中的"基础素材 > Ch04 > 04"文件。选中图4-126所示的图形。选择"修改 > 形状 > 扩展填充"命令，弹出"扩展填充"对话框。在"距离"项的数值框中输入6像素（取值范围为0.05 ~ 144），单击"扩展"单选项，如图4-127所示。单击"确定"按钮，填充色向外扩展，效果如图4-128所示。

图4-126　　　　　　图4-127　　　　　　图4-128

2. 收缩填充色

选中图形的填充颜色，选择"修改 > 形状 > 扩展填充"命令，弹出"扩展填充"对话框。在"距离"项的数值框中输入6像素（取值范围为0.05 ~ 144），单击"插入"单选项，如图4-129所示。单击"确定"按钮，填充色向内收缩，效果如图4-130所示。

图4-129　　　　　　　　图4-130

4.2.5　柔化填充边缘

1. 向外柔化填充边缘

打开云盘中的"基础素材 > Ch04 > 05"文件。选中图 4-131 所示的图形，选择"修改 > 形状 > 柔化填充边缘"命令，弹出"柔化填充边缘"对话框。在"距离"项的数值框中输入 60 像素，在"步长数"项的数值框中输入 5，单击"扩展"单选项，如图 4-132 所示。单击"确定"按钮，效果如图 4-133 所示。

图 4-131　　　　　　　　　　　图 4-132　　　　　　　　　　　图 4-133

在"柔化填充边缘"对话框中设置不同的数值，所产生的效果也各不相同。

选中图形，选择"修改 > 形状 > 柔化填充边缘"命令，弹出"柔化填充边缘"对话框，在"距离"项的数值框中输入 60 像素，在"步长数"项的数值框中输入 30，单击"扩展"单选项，如图 4-134 所示。单击"确定"按钮，效果如图 4-135 所示。

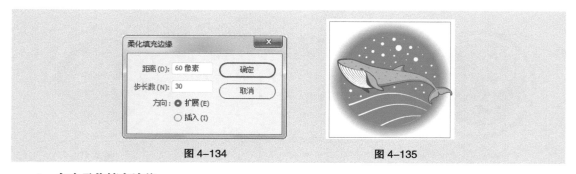

图 4-134　　　　　　　　　　　图 4-135

2. 向内柔化填充边缘

选中图形，如图 4-136 所示，选择"修改 > 形状 > 柔化填充边缘"命令，弹出"柔化填充边缘"对话框。在"距离"项的数值框中输入 60 像素，在"步长数"项的数值框中输入 5，单击"插入"单选项，如图 4-137 所示。单击"确定"按钮，效果如图 4-138 所示。

图 4-136　　　　　　　　　　　图 4-137　　　　　　　　　　　图 4-138

选中图形，选择"修改 > 形状 > 柔化填充边缘"命令，弹出"柔化填充边缘"对话框。在"距离"项的数值框中输入 60 像素，在"步长数"项的数值框中输入 30，单击"插入"单选项，如图 4-139 所示。单击"确定"按钮，效果如图 4-140 所示。

图 4-139　　　　　　　　　　　　图 4-140

4.3　对齐与变形

在动画制作过程中，我们可以应用"对齐"面板来设置多个对象之间的对齐方式，还可以应用"变形"面板来改变对象的大小以及倾斜度。

4.3.1　课堂案例——制作美食网页

【案例学习目标】使用不同的浮动面板编辑图形。

【案例知识要点】使用"导入到库"命令，导入素材；使用"变形"面板，缩放图像的大小；使用"对齐"面板，设置图像的对齐方式。效果如图 4-141 所示。

【效果所在位置】云盘 /Ch04/ 效果 / 制作美食网页 .fla。

图 4-141

（1）选择"文件 > 打开"命令，在弹出的"打开"对话框中，选择云盘中的"Ch04 > 素材 > 制作美食网页 > 01"文件，单击"打开"按钮，打开文件，如图 4-142 所示。

图 4-142

（2）选择"文件 > 导入 > 导入到库"命令，在弹出的"导入到库"对话框中，选择云盘中的"Ch04 > 素材 > 制作美食网页 > 02、03、04"文件，如图 4-143 所示，单击"打开"按钮，文件被导入到"库"面板中，如图 4-144 所示。

图 4-143   图 4-144

（3）在"时间轴"面板中创建新图层并将其命名为"美食"。将"库"面板中的位图"02"文件拖曳到舞台窗口中，如图 4-145 所示。保持图像的选取状态，按 Ctrl+T 组合键，弹出"变形"面板，将"缩放宽度"项和"缩放高度"项均设为 84，如图 4-146 所示，效果如图 4-147 所示。

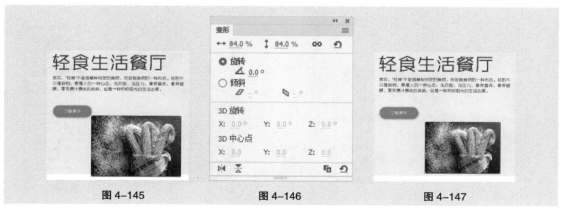

图 4-145   图 4-146   图 4-147

（4）用相同的方法将"库"面板中的位图"03"和"04"文件拖曳到舞台窗口中并缩放大小，效果如图 4-148 所示。在"时间轴"面板中单击"美食"图层，将该层中的对象全部选中，如图 4-149所示。

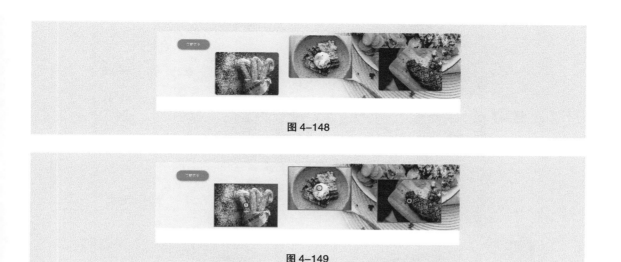

图 4-148

图 4-149

（5）按 Ctrl+K 组合键，弹出"对齐"面板，单击面板中的"垂直中齐"按钮 ⬚，如图 4-150 所示，将选中的对象垂直居中，效果如图 4-151 所示。单击"水平居中分布"按钮 ⬚，如图 4-152 所示，将选中的对象水平居中分布，效果如图 4-153 所示。

图 4-150   图 4-151

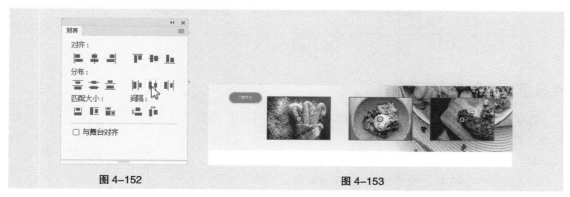

图 4-152   图 4-153

（6）按 Ctrl+G 组合键，将选中的对象进行编组，效果如图 4-154 所示。在"对齐"面板中，勾选"与舞台对齐"复选框，如图 4-155 所示。单击"水平中齐"按钮 ⬚，将编组对象与舞台水平居中，效果如图 4-156 所示。

图 4-154　　　　　　　　　　　　　　　图 4-155

图 4-156

（7）选择"选择"工具 ▶，按住 Shift 键的同时，垂直向下拖曳组合对象到适当的位置，如图 4-157 所示。美食网页制作完成，按 Ctrl+Enter 组合键即可查看效果。

图 4-157

4.3.2　"对齐"面板

选择"窗口 > 对齐"命令，或按 Ctrl+K 组合键，可弹出"对齐"面板，如图 4-158 所示。

1．"对齐"选项组

"左对齐"按钮 ：设置选取对象左端对齐。

"水平中齐"按钮 ：设置选取对象沿垂直线居中对齐。

"右对齐"按钮 ：设置选取对象右端对齐。

"顶对齐"按钮 ：设置选取对象上端对齐。

"垂直中齐"按钮 ：设置选取对象沿水平线居中对齐。

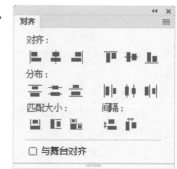

图 4-158

"底对齐"按钮 ▐▄：设置选取对象下端对齐。

2. "分布"选项组

"顶部分布"按钮 ▤：设置选取对象在横向上上端间距相等。

"垂直居中分布"按钮 ▤：设置选取对象在横向上中心间距相等。

"底部分布"按钮 ▤：设置选取对象在横向上下端间距相等。

"左侧分布"按钮 ▐▌：设置选取对象在纵向上左端间距相等。

"水平居中分布"按钮 ▐▌：设置选取对象在纵向上中心间距相等。

"右侧分布"按钮 ▐▌：设置选取对象在纵向上右端间距相等。

3. "匹配大小"选项组

"匹配宽度"按钮 ▤：设置选取对象在水平方向上等尺寸变形（以所选对象中宽度最大的为基准）。

"匹配高度"按钮 ▐：设置选取对象在垂直方向上等尺寸变形（以所选对象中高度最大的为基准）。

"匹配宽和高"按钮 ▤：设置选取对象在水平方向和垂直方向同时进行等尺寸变形（同时以所选对象中宽度和高度最大的为基准）。

4. "间隔"选项组

"垂直平均间隔"按钮 ▤：设置选取对象在纵向上间距相等。

"水平平均间隔"按钮 ▐▌：设置选取对象在横向上间距相等。

5. "与舞台对齐"复选框

勾选此复选框后，上述设置的操作都是以整个舞台的宽度或高度为基准的。

打开云盘中的"基础素材 > Ch04 > 06"文件。选中要对齐的图形，如图 4-159 所示。单击"顶对齐"按钮 ▐▀，图形上端对齐，如图 4-160 所示。

图 4-159　　　　　　　　　　　　　图 4-160

选中要分布的图形，如图 4-161 所示。单击"水平居中分布"按钮 ▐▌，图形在纵向上中心间距相等，如图 4-162 所示。

图 4-161　　　　　　　　　　　　　图 4-162

选中要匹配大小的图形，如图 4-163 所示。单击"匹配高度"按钮 ▐，图形在垂直方向上等尺寸变形, 如图 4-164 所示。

图 4-163   图 4-164

勾选"与舞台对齐"复选框前后, 应用同一个命令所产生的效果不同。选中图形, 如图 4-165 所示。单击"左侧分布"按钮 ▮▮, 效果如图 4-166 所示; 勾选"与舞台对齐"复选框, 单击"左侧分布"按钮 ▮▮, 效果如图 4-167 所示。

图 4-165   图 4-166   图 4-167

4.3.3 "变形"面板

选择"窗口 > 变形"命令, 或按 Ctrl+T 组合键, 弹出"变形"面板, 如图 4-168 所示。

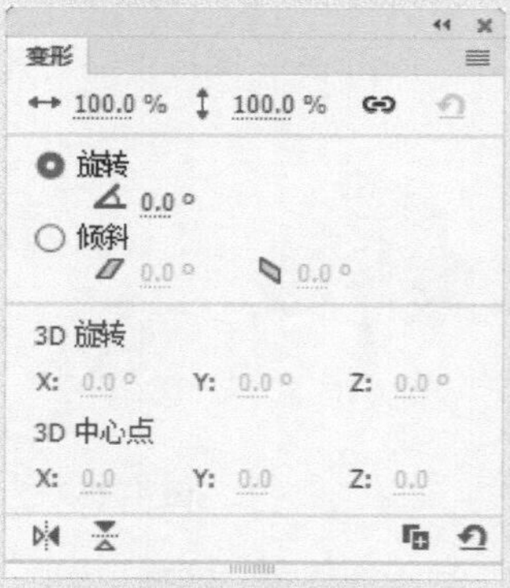

"缩放宽度" ↔ 100.0% 项和"缩放高度" ↕ 100.0% 项: 用于设置图形的宽度和高度。

"约束"按钮 ᏀᎾ: 用于约束"缩放宽度"和"缩放高度"项, 使图形能够成比例地变形。

"重置缩放"按钮 ↻: 单击此按钮, 可以将缩放恢复到初始状态。

"旋转"项: 用于设置图形的角度。

"倾斜"项: 用于设置图形的水平倾斜或垂直倾斜。

"水平翻转所选内容"按钮 ⋈: 用于设置所选图形的水平翻转。

"垂直翻转所选内容"按钮 ⋈: 用于设置所选图形的垂直翻转。

"重制选区和变形"按钮 ⊡: 用于复制图形并将变形设置应用给图形。

"取消变形"按钮 ↻: 用于将图形属性恢复到初始状态。

"变形"面板中的设置不同, 所产生的效果也各不相同。

打开云盘中的"基础素材 > Ch04 > 07"文件。选中图 4-169 所示的图形, 在"变形"面板中, 将"缩放宽度"项设为 50, "缩放高度"项也随之变为 50, 如图 4-170 所示。按 Enter 键, 确定

图 4-168

Animate CC 2019 核心应用案例教程(全彩慕课版)

操作，图形的宽度和高度成比例地缩小，效果如图 4-171 所示。

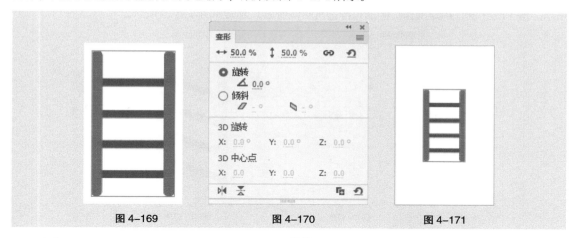

图 4-169　　　　　　　　图 4-170　　　　　　　　图 4-171

　　选中图形，在"变形"面板中单击"约束"按钮 ，将"缩放宽度"项设为 50，如图 4-172 所示。按 Enter 键，确定操作，可看到图形的宽度被改变，图形的高度保持不变，效果如图 4-173 所示。

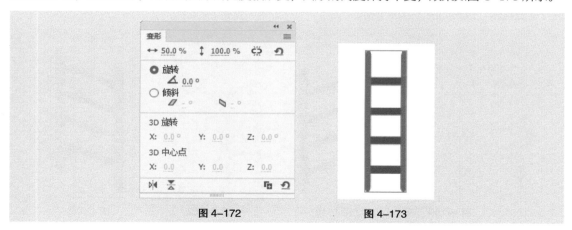

图 4-172　　　　　　　　　　　　图 4-173

　　选中图形，在"变形"面板中，将"旋转"项设为 30，如图 4-174 所示。按 Enter 键，确定操作，图形被旋转，效果如图 4-175 所示。

　　选中图形，在"变形"面板中，点选"倾斜"单选项，将"水平倾斜"项设为 40，如图 4-176 所示。按 Enter 键，确定操作，图形进行水平倾斜变形，效果如图 4-177 所示。

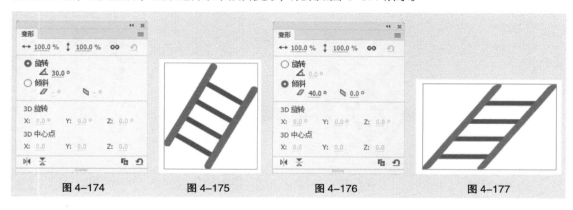

图 4-174　　　　　　图 4-175　　　　　　图 4-176　　　　　　图 4-177

选中图形，在"变形"面板中，点选"倾斜"单选项，将"垂直倾斜"项设为 −20，如图 4−178 所示。按 Enter 键，确定操作，图形进行垂直倾斜变形，效果如图 4−179 所示。

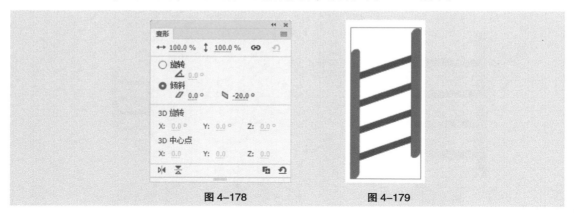

图 4−178　　　　　　　　图 4−179

选中图形，在"变形"面板中，单击"水平翻转所选内容"按钮 ⬚，如图 4−180 所示，图形进行水平翻转，效果如图 4−181 所示；单击"垂直翻转所选内容"按钮 ⬚，如图 4−182 所示，图形进行垂直翻转，效果如图 4−183 所示。

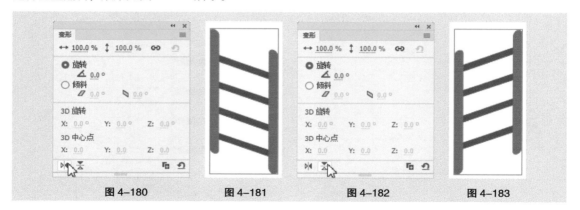

图 4−180　　　　　图 4−181　　　　　图 4−182　　　　　图 4−183

选中图形，在"变形"面板中，将"旋转"项设为 60，单击"重制选区和变形"按钮 ⬚，如图 4−184 所示，图形被复制并沿其中心点旋转了 60°，效果如图 4−185 所示。

再次单击"重置选区和变形"按钮 ⬚，图形再次被复制并旋转了 60°，如图 4−186 所示。此时，面板中显示旋转角度为 −180°，如图 4−187 所示，表示复制出的图形当前角度为 180°。

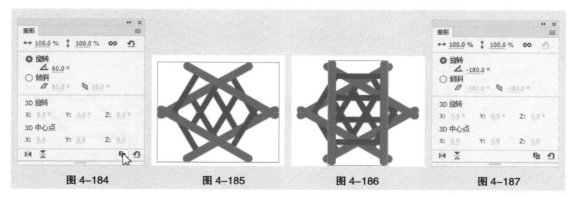

图 4−184　　　　　图 4−185　　　　　图 4−186　　　　　图 4−187

4.4 元件与库

　　Animate 中，元件是可以被不断重复使用的特殊对象符号。当不同的舞台窗口中有相同的对象进行"表演"时，我们可先建立该对象的元件，需要时只需在舞台上创建该元件的实例即可。在 Animate CC 2019 文档的"库"面板中，可以存储我们创建的元件以及导入的文件。只要建立 Animate CC 2019 文档，就可以使用相应的库了。

4.4.1 课堂案例——制作购物卡片

　　【案例学习目标】使用"创建新元件"命令添加图形、按钮和影片剪辑元件。

　　【案例知识要点】使用基本矩形工具和文本工具，制作按钮元件；使用"影片剪辑"元件，制作心动效果；使用任意变形工具，调整元件的大小及角度。效果如图 4-188 所示。

　　【效果所在位置】云盘 /Ch04/ 效果 / 制作购物卡片 .fla。

扫码观看本案例视频

扫码查看扩展案例

图 4-188

1. 制作图形元件

　　（1）在欢迎页的"详细信息"选项组中，将"宽"项设为 284，"高"项设为 284，"平台类型"选项的下拉列表中选择"ActionScript 3.0"选项，单击"创建"按钮，完成文档的创建。按 Ctrl+J 组合键，弹出"文档设置"对话框，将"舞台颜色"设为浅黄色（#F0D8BC），单击"确定"按钮，完成舞台颜色的修改。

　　（2）按 Ctrl+F8 组合键，弹出"创建新元件"对话框，在"名称"项的文本框中输入"文字"，在"类型"选项下拉列表中选择"图形"选项。单击"确定"按钮，新建图形元件"文字"，如图 4-189 所示。舞台窗口也随之转换为图形元件的舞台窗口。

　　（3）选择"文件 > 导入 > 导入到舞台"命令，在弹出的"导入"对话框中，选择"Ch04 > 素材 > 制作购物卡片 > 01"文件，单击"打开"按钮，文件被导入到舞台窗口中，如图 4-190 所示。

图 4-189　　　　　　　　　　　　　　　　图 4-190

（4）按 Ctrl+F8 组合键，弹出"创建新元件"对话框，在"名称"项的文本框中输入"爱心"，在"类型"选项下拉列表中选择"图形"选项，如图 4-191 所示。单击"确定"按钮，新建图形元件"爱心"。舞台窗口也随之转换为图形元件的舞台窗口。

（5）选择"文件 > 导入 > 导入到舞台"命令，在弹出的"导入"对话框中，选择"Ch04 > 素材 > 制作购物卡片 > 02"文件，单击"打开"按钮，文件被导入到舞台窗口中，如图 4-192 所示。

图 4-191 　　　　　　　　　　　　　　图 4-192

2. 制作影片剪辑元件

（1）按 Ctrl+F8 组合键，弹出"创建新元件"对话框，在"名称"项的文本框中输入"心动"，在"类型"选项下拉列表中选择"影片剪辑"选项，如图 4-193 所示。单击"确定"按钮，新建影片剪辑元件"心动"，如图 4-194 所示。舞台窗口也随之转换为影片剪辑元件的舞台窗口。

图 4-193 　　　　　　　　　　　　　　图 4-194

（2）将"库"面板中的图形元件"爱心"拖曳到舞台窗口中，并放置在适当的位置，如图 4-195 所示。分别选中"图层_1"的第 10 帧、第 20 帧，按 F6 键，插入关键帧，如图 4-196 所示。

图 4-195 　　　　　　　　　　　　　　图 4-196

（3）选中"图层_1"的第 10 帧，在舞台窗口中选中"爱心"实例。在图形"属性"面板中，选择"色彩效果"选项组，在"样式"选项的下拉列表中选择"色调"选项，将"着色"选项设为白色，"着色量"选项设为 50，其他选项的设置如图 4-197 所示，效果如图 4-198 所示。

（4）用鼠标右键分别单击"图层_1"的第1帧、第10帧，在弹出的快捷菜单中选择"创建传统补间"命令，生成传统补间动画，如图4-199所示。

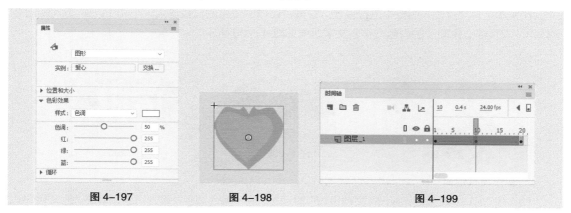

图4-197　　　　　　　图4-198　　　　　　　　图4-199

3. 制作按钮元件

（1）按Ctrl+F8组合键，弹出"创建新元件"对话框，在"名称"项的文本框中输入"按钮"，在"类型"选项下拉列表中选择"按钮"选项，如图4-200所示。单击"确定"按钮，新建按钮元件"按钮"。舞台窗口也随之转换为按钮元件的舞台窗口。

（2）选择"基本矩形"工具□，在基本矩形工具"属性"面板中，将"笔触颜色"设为无，"填充颜色"设为淡蓝色（#AAADD6），在舞台窗口中绘制一个矩形，效果如图4-201所示。

图4-200　　　　　　　　　　　图4-201

（3）保持图形的选取状态，在矩形图元"属性"面板中，将"宽"项设为37，"高"项设为15，"X"项设为0，"Y"项设为0，其他选项的设置如图4-202所示，效果如图4-203所示。

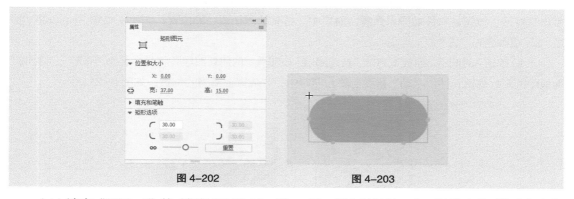

图4-202　　　　　　　　　　　图4-203

（4）选中"图层_1"的"指针经过"帧，按F6键，插入关键帧。在工具箱中将"填充颜色"设为粉色（#EFA5A9），效果如图4-204所示。选中"图层_1"的"按下"帧，按F6键，插入关键帧。在工具箱中将"填充颜色"设为蓝色（#0066FF），效果如图4-205所示。

（5）单击"时间轴"面板上方的"新建图层"按钮🗒️，新建"图层_2"。选择"文本"工具T，在文本工具"属性"面板中进行设置。在舞台窗口中适当的位置输入大小为11、字母间距为3、字体为"汉仪菱心体简"的白色文字，文字效果如图4-206所示。

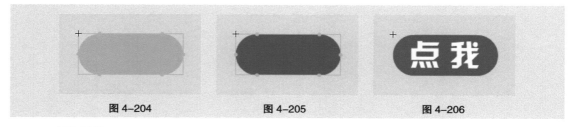

图4-204　　　　　　图4-205　　　　　　图4-206

4. 制作场景画面

（1）按Ctrl+J组合键，弹出"文档设置"对话框，将"舞台颜色"设为白色，单击"确定"按钮，完成舞台颜色的修改。单击舞台窗口左上方的"场景1"图标 🎬 场景 1，进入"场景1"的舞台窗口。将"图层_1"重新命名为"矩形"。选择"矩形"工具🔲，在工具箱中将"笔触颜色"设为无，"填充颜色"设为淡蓝色（#AAADD6），单击工具箱下方的"对象绘制"按钮 ⊙，在舞台窗口中绘制一个矩形，如图4-207所示。

（2）选择"选择"工具，在舞台窗口中选中矩形，在绘制对象"属性"面板中，将"宽"项设为219，"高"项设为227，"X"项和"Y"项均设为15，如图4-208所示，效果如图4-209所示。

图4-207　　　　　　图4-208　　　　　　图4-209

（3）单击"时间轴"面板上方的"新建图层"按钮🗒️，新建"图层_2"。选择"文件 > 导入 > 导入到舞台"命令，在弹出的"导入"对话框中，选择"Ch04 > 素材 > 制作购物卡片 > 03"文件，单击"打开"按钮，文件被导入到舞台窗口中。将其放置在适当的位置，如图4-210所示。将"图层_2"重命名为"人物"。

（4）单击"时间轴"面板上方的"新建图层"按钮🗒️，创建新图层并将其命名为"心形"。将"库"面板中的影片剪辑元件"心动"拖曳到舞台窗口中，并放置在适当的位置，如图4-211所示。

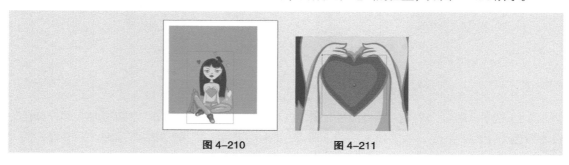

图4-210　　　　　　　图4-211

（5）单击"时间轴"面板上方的"新建图层"按钮█，创建新图层并将其命名为"文字阴影"。将"库"面板中的图形元件"文字"拖曳到舞台窗口中，并放置在适当的位置，如图 4-212 所示。

（6）选择"选择"工具▶，在舞台窗口中选中"文字"实例。在图形"属性"面板中，选择"色彩效果"选项组，在"样式"选项下拉列表中选择"Alpha"选项，将"Alpha 数量"设为 50%，如图 4-213 所示，舞台窗口中效果如图 4-214 所示。

图 4-212　　　　　　　　　　　图 4-213　　　　　　　　　　　图 4-214

（7）单击"时间轴"面板上方的"新建图层"按钮█，创建新图层并将其命名为"文字"。将"库"面板中的图形元件"文字"拖曳到舞台窗口中，并放置在适当的位置，如图 4-215 所示。

（8）单击"时间轴"面板上方的"新建图层"按钮█，创建新图层并将其命名为"按钮"。将"库"面板中的按钮元件"按钮"拖曳到舞台窗口中，并放置在适当的位置，如图 4-216 所示。购物卡片效果制作完成，按 Ctrl+Enter 组合键即可查看效果，如图 4-217 所示。

图 4-215　　　　　　　　　　　图 4-216　　　　　　　　　　　图 4-217

4.4.2　元件的类型

1. 图形元件

"图形元件"🔧一般用于创建静态图像或创建可重复使用的、与主时间轴关联的动画。它有自己的编辑区和时间轴。如果在场景中创建元件的实例，那么实例将受到主场景中时间轴的约束。换句话说，图形元件中的时间轴与其实例在主场景的时间轴同步。另外，在图形元件中可以使用矢量图、图像、声音和动画的元素，但不能为图形元件提供实例名称，也不能在动作脚本中引用图形元件，并且声音在图形元件中失效。

2. 按钮元件

"按钮元件"🖱是创建能激发某种交互行为的按钮。创建按钮元件的关键是设置 4 种不同状态的帧，即"弹起"（鼠标抬起）、"指针经过"（鼠标指针移入）、"按下"（鼠标按下）、"点击"

（鼠标响应区域，在这个区域创建的图形不会出现在画面中）。

3. 影片剪辑元件

"影片剪辑元件" 也像图形元件一样有自己的编辑区和时间轴，但又不完全相同。影片剪辑元件的时间轴是独立的，它不受其实例在主场景时间轴（主时间轴）的控制。比如，在场景中创建影片剪辑元件的实例，此时即便场景中只有一帧，在电影片段中也可播放动画。另外，在影片剪辑元件中可以使用矢量图、图像、声音、影片剪辑元件、图形组件和按钮组件等，并且能在动作脚本中引用影片剪辑元件。

4.4.3 创建图形元件

选择"插入 > 新建元件"命令，或按 Ctrl+F8 组合键，弹出"创建新元件"对话框，在"名称"项的文本框中输入"帽子"，在"类型"选项的下拉列表中选择"图形"选项，如图 4-218 所示。

图 4-218

单击"确定"按钮，即创建了一个新的图形元件"帽子"。图形元件的名称出现在舞台的左上方，舞台切换到了图形元件"帽子"的窗口，窗口中间出现十字"＋"，代表图形元件的中心定位点，如图 4-219 所示。在"库"面板中显示出图形元件，如图 4-220 所示。

选择"文件 > 导入 > 导入到舞台"命令，弹出"导入"对话框，在弹出的对话框中选择云盘中的"基础素材 > Ch04 > 08"文件，单击"打开"按钮，弹出"将'08.ai'导入到库"对话框，单击"导入"按钮，将素材导入到舞台窗口中，如图 4-221 所示，完成图形元件的创建。单击舞台窗口左上方的"场景 1"图标 场景 1，就可以返回场景 1 的编辑舞台。

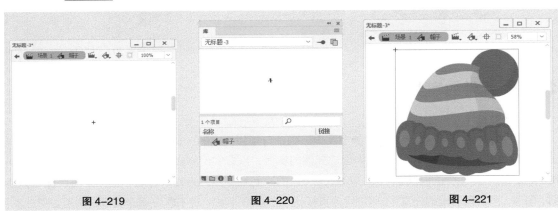

图 4-219   图 4-220   图 4-221

还可以应用"库"面板创建图形元件。单击"库"面板右上方的按钮，在弹出式菜单中选择"新建元件"命令，弹出"创建新元件"对话框，选中"图形"选项，单击"确定"按钮，即可创建图形元件。也可在"库"面板中创建按钮元件或影片剪辑元件。

4.4.4　创建按钮元件

Animate CC 2019 库中提供了一些简单的按钮，如果需要复杂的按钮，还是需要用户自己创建。

选择"插入 > 新建元件"命令，或按 Ctrl+F8 组合键，弹出"创建新元件"对话框，在"名称"项的文本框中输入"锁"，在"类型"选项的下拉列表中选择"按钮"选项，如图 4-222 所示。

单击"确定"按钮，创建一个新的按钮元件"锁"。按钮元件的名称出现在舞台的左上方，舞台切换到了按钮元件"锁"的窗口，窗口中间出现十字" + "，代表按钮元件的中心定位点。在"时间轴"窗口中显示出 4 个状态帧："弹起""指针经过""按下""点击"，如图 4-223 所示。

"弹起"帧：设置鼠标指针不在按钮上时按钮的外观。

"指针经过"帧：设置鼠标指针放在按钮上时按钮的外观。

"按下"帧：设置按钮被单击时的外观。

"点击"帧：设置响应鼠标单击的区域。此区域在影片里不可见。

"库"面板中的效果如图 4-224 所示。

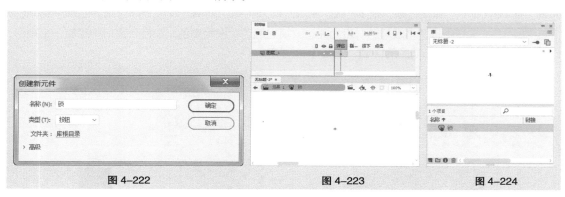

图 4-222　　　　　　　　图 4-223　　　　　　　　图 4-224

选择"文件 > 导入 > 导入到舞台"命令，在弹出的"导入"对话框中，选择云盘中的"基础素材 > Ch04 > 09"文件，单击"打开"按钮，弹出提示对话框，单击"否"按钮，弹出"将'09.ai'导入到库"对话框，单击"导入"按钮，文件被导入到舞台窗口中，如图 4-225 所示。在"时间轴"面板中选中"指针经过"帧，按 F7 键，插入空白关键帧，如图 4-226 所示。

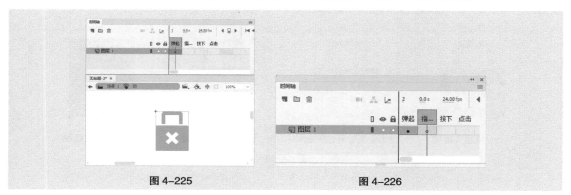

图 4-225　　　　　　　　　　　图 4-226

选择"文件 > 导入 > 导入到库"命令，在弹出的"导入到库"对话框中，选择云盘中的"基础素材 > Ch04 > 10、11"文件，单击"打开"按钮，弹出提示对话框，单击"导入"按钮，将文件导入到"库"面板中，如图 4-227 所示。将"库"面板中的图形元件"10"拖曳到舞台窗口中，并放置在适当的位置,如图 4-228 所示。在"时间轴"面板中选中"按下"帧,按 F7 键,插入空白关键帧,如图 4-229 所示。

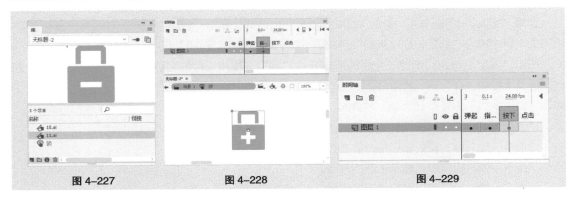

图 4-227   图 4-228   图 4-229

将"库"面板中的图形元件"11"拖曳到舞台窗口中,并放置在适当的位置,如图 4-230 所示。在"时间轴"面板中选中"点击"帧,按 F7 键,插入空白关键帧,如图 4-231 所示。选择"基本矩形"工具 ,在工具箱中将"笔触颜色"设为无,"填充颜色"设为黑色。在舞台窗口中绘制一个矩形,作为按钮动画应用时鼠标响应的区域,如图 4-232 所示。

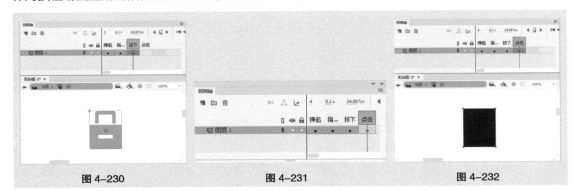

图 4-230   图 4-231   图 4-232

按钮元件制作完成。在各关键帧上,舞台中显示的图形如图 4-233 所示。单击舞台左上方的场景名称"场景 1"就可以返回到场景的编辑舞台。

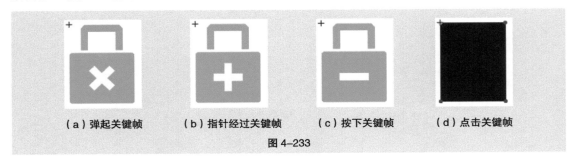

（a）弹起关键帧   （b）指针经过关键帧   （c）按下关键帧   （d）点击关键帧

图 4-233

4.4.5 创建影片剪辑元件

选择"插入 > 新建元件"命令,弹出"创建新元件"对话框,在"名称"项的文本框中输入"字母变形",在"类型"选项的下拉列表中选择"影片剪辑"选项,如图 4-234 所示。

单击"确定"按钮,即创建了一个影片剪辑元件"字母变形"。影片剪辑元件的名称出现在舞台的左上方,舞台切换到了影片剪辑元件"字母变形"的窗口,窗口中间出现十字"+",代表影片剪辑元件的中心定位点,如图4-235所示。在"库"面板中显示出影片剪辑元件,如图4-236所示。

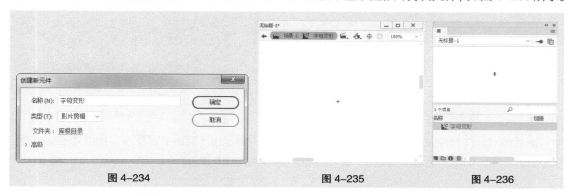

图 4-234   图 4-235   图 4-236

选择"文本"工具 T ,在文本工具"属性"面板中进行设置。在舞台窗口中适当的位置输入大小为200、字体为"方正水黑简体"的红色(#FF0000)字母,文字效果如图4-237所示。选择"选择"工具 ▶ ,选中字母,按Ctrl+B组合键,将其打散,效果如图4-238所示。在"时间轴"面板中选中第20帧,按F7键,插入空白关键帧,如图4-239所示。

图 4-237   图 4-238   图 4-239

选择"文本"工具 T ,在文本工具"属性"面板中进行设置。在舞台窗口中适当的位置输入大小为200、字体为"方正水黑简体"的橙黄色(#FF9900)字母,文字效果如图4-240所示。选择"选择"工具 ▶ ,选中字母,按Ctrl+B组合键,将其打散,效果如图4-241所示。

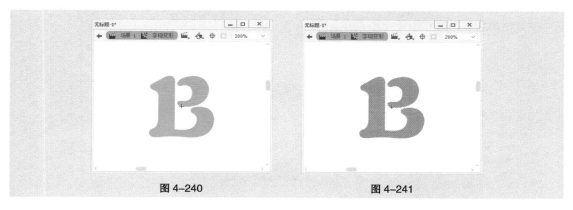

图 4-240   图 4-241

在"时间轴"面板中选中第1帧，如图4-242所示。单击鼠标右键，在弹出的快捷菜单中选择"创建补间形状"命令，如图4-243所示。

在"时间轴"面板中出现箭头标志线，如图4-244所示。

图 4-242　　　　图 4-243　　　　图 4-244

影片剪辑元件制作完成，在不同的关键帧上，舞台中显示出不同的变形图形，如图4-245所示。单击舞台左上方的场景名称"场景1"就可以返回到场景的编辑舞台。

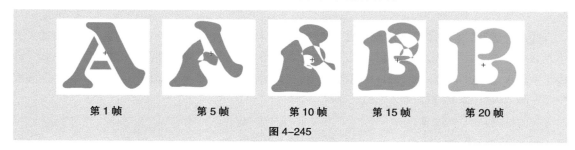

第1帧　　　第5帧　　　第10帧　　　第15帧　　　第20帧

图 4-245

4.4.6　元件的转换

1. 将图形转换为图形元件

如果在舞台上已经创建好矢量图形，并且以后还要应用，可将其转换为图形元件。

打开云盘中的"基础素材 > Ch04 > 12"文件。选中舞台窗口中的矢量图形，如图4-246所示。

选择"修改 > 转换为元件"命令，或按F8键，弹出"转换为元件"对话框，在"名称"项的文本框中输入要转换元件的名称，在"类型"下拉列表中选择"图形"元件，如图4-247所示。单击"确定"按钮，矢量图形被转换为图形元件，舞台和"库"面板中的效果如图4-248和图4-249所示。

图 4-246

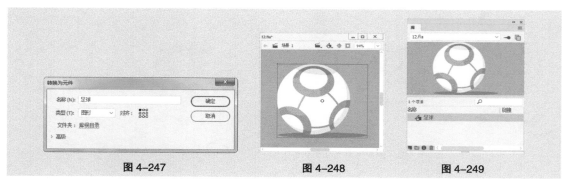

图 4-247　　　　图 4-248　　　　图 4-249

2. 设置图形元件的 中心点

选中矢量图形，选择"修改 > 转换为元件"命令，弹出"转换为元件"对话框。在对话框的"对齐"选项后有 9 个中心定位点，可以用来设置转换元件的中心点。选中右下方的定位点，如图 4-250 所示，单击"确定"按钮，矢量图形转换为图形元件，元件的中心点在其右下方，如图 4-251 所示。

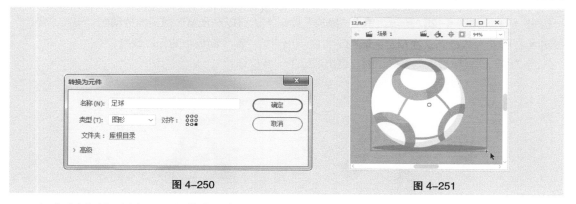

图 4-250　　　　　　　　　　　图 4-251

在"对齐"选项中设置不同的中心点，转换的图形元件效果如图 4-252 所示。

（a）中心点在左上方　　　　　　（b）中心点在左下方　　　　　　（c）中心点在右侧

图 4-252

3. 转换元件类型

在制作动画的过程中，我们可以根据需要将一种类型的元件转换为另一种类型的元件。

选中"库"面板中的图形元件，如图 4-253 所示。单击面板下方的"属性"按钮，弹出"元件属性"对话框，在"类型"选项下拉列表中选择"影片剪辑"选项，如图 4-254 所示。单击"确定"按钮，图形元件转换为影片剪辑元件，如图 4-255 所示。

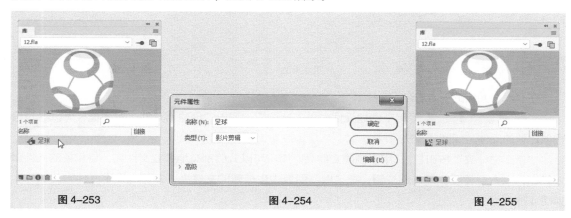

图 4-253　　　　　　　　　　　图 4-254　　　　　　　　　　　图 4-255

4.4.7 "库"面板的组成

选择"窗口 > 库"命令，或按 Ctrl+L 组合键，可弹出"库"面板，如图 4-256 所示。

在"库"面板的上方显示出与"库"面板相对应的文档名称。在文档名称的下方显示预览区域，可以在此观察选定元件的效果。如果选定的元件为多帧组成的动画，在预览区域的右上方显示出两个按钮 ■ ▶，如图 4-257 所示。单击"播放"按钮 ▶，可以在预览区域里播放动画。单击"停止"按钮 ■，停止播放动画。在预览区域的下方显示出当前"库"面板中的元件数量。

当"库"面板呈最大宽度显示时，将出现以下一些按钮。

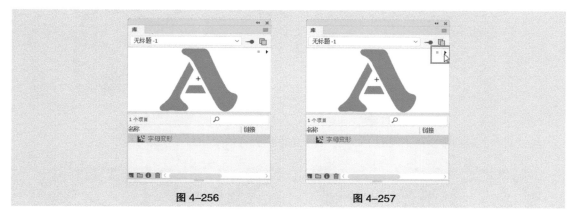

图 4-256   图 4-257

"名称"按钮：单击此按钮，"库"面板中的元件将按名称排序，如图 4-258 所示。

"类型"按钮：单击此按钮，"库"面板中的元件将按类型排序，如图 4-259 所示。

"使用次数"按钮：单击此按钮，"库"面板中的元件将按被使用的次数排序。

"链接"按钮：与"库"面板弹出式菜单中"链接"命令的设置相关联。

"修改日期"按钮：单击此按钮，"库"面板中的元件按照被修改的日期排序，如图 4-260 所示。

图 4-258   图 4-259   图 4-260

在"库"面板的下方有以下 4 个按钮。

"新建元件"按钮 ：用于创建元件。单击此按钮，弹出"创建新元件"对话框，可以通过设置创建新的元件，如图 4-261 所示。

"新建文件夹"按钮 ：用于创建文件夹。用户可以分门别类地建立文件夹，将相关的元件调入其中，以方便管理。单击此按钮，在"库"面板中生成新的文件夹，并可以设定文件夹的名称，如图 4-262 所示。

"属性"按钮 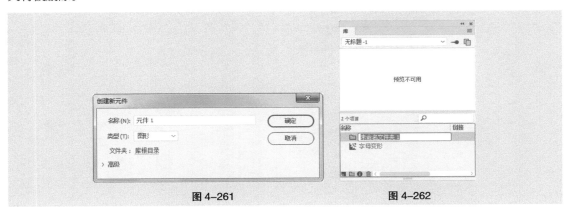：用于转换元件的类型。单击此按钮，弹出"元件属性"对话框，可以将元件类型相互转换，如图 4-263 所示。

"删除"按钮 🗑：删除"库"面板中被选中的元件或文件夹。单击此按钮，所选的元件或文件夹将被删除。

图 4-261　　　　　　　　　图 4-262

图 4-263

4.4.8　"库"面板弹出式菜单

单击"库"面板右上方的按钮 ☰，出现弹出式菜单，在菜单中提供了多个实用命令，如图 4-264 所示。

"新建元件"命令：用于创建一个新的元件。

"新建文件夹"命令：用于创建一个新的文件夹。

"新建字型"命令：用于创建字体元件。

"新建视频"命令：用于创建视频资源。

"重命名"命令：用于重新设定元件的名称。也可双击要重命名的元件，再更改名称。

"删除"命令：用于删除当前选中的元件。

"直接复制"命令：用于复制当前选中的元件。此命令不能用于复制文件夹。

"移至"命令：用于将选中的元件移动到新建的文件夹中。

"编辑"命令：选择此命令，主场景舞台被切换到当前选中元件的舞台。

"编辑方式"命令：用于编辑所选位图元件。

"编辑 Audition"命令：用于打开 Adobe Audition 软件，进行音频润饰、音乐自定、添加声音效果等操作。

"编辑类"命令：用于编辑视频文件。

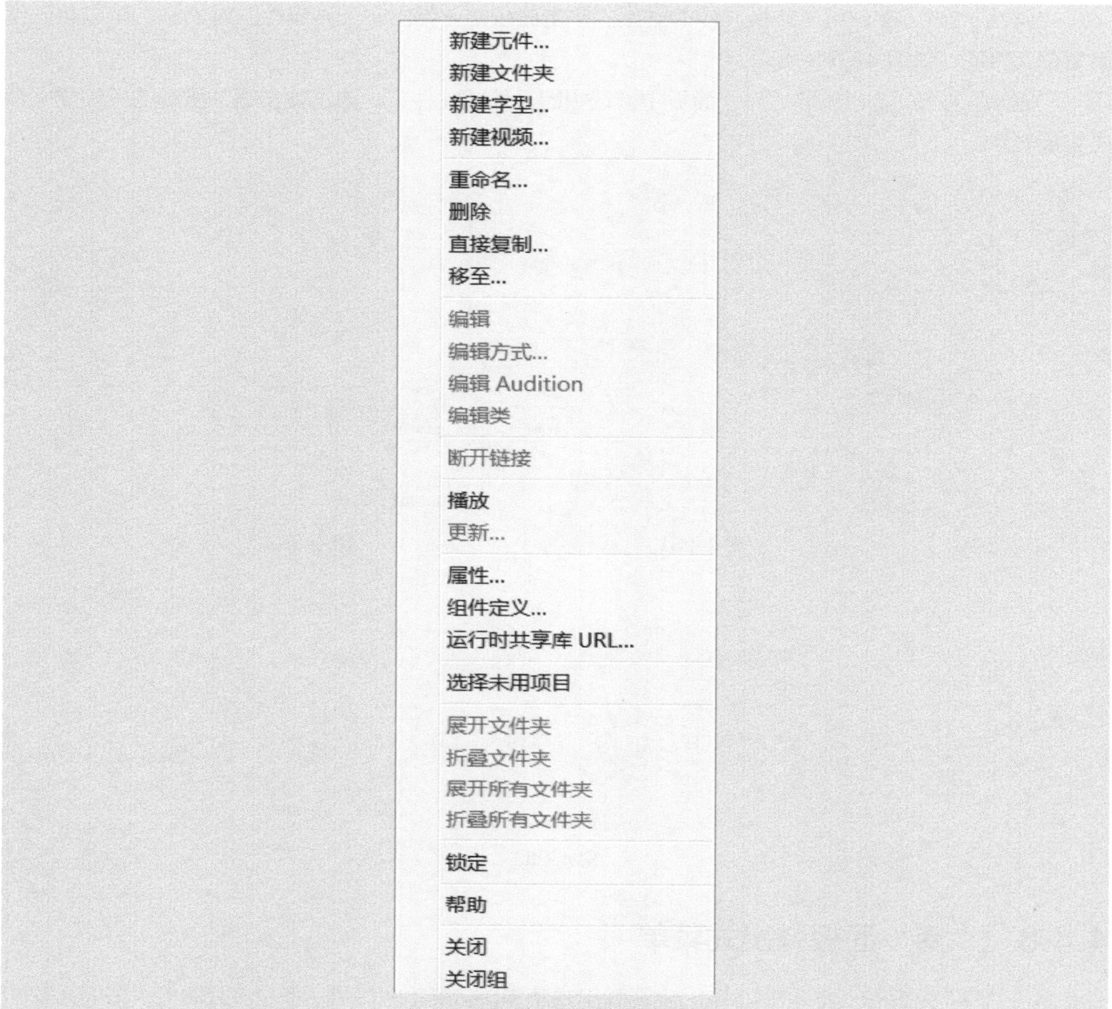

图 4-264

"播放"命令：用于播放按钮元件或影片剪辑元件中的动画。

"更新"命令：用于更新资源文件。

"属性"命令：用于查看元件的属性或更改元件的名称和类型。

"组件定义"命令：用于介绍组件的类型、数值和描述语句等属性。

"运行时共享库 URL"命令：用于设置公用库的链接。

"选择未用项目"：用于选出在"库"面板中未经使用的元件。

"展开文件夹"命令：用于打开所选文件夹。

"折叠文件夹"命令：用于关闭所选文件夹。

"展开所有文件夹"命令：用于打开"库"面板中的所有文件夹。

"折叠所有文件夹"命令：用于关闭"库"面板中的所有文件夹。

"帮助"命令：用于调出软件的帮助文件。

"关闭"：选择此命令可以将"库"面板关闭。

"关闭组"命令：选择此命令将关闭组合后的面板组。

4.5 课堂练习——制作促销贴

【练习知识要点】使用钢笔工具，绘制图形；使用"扩展填充"命令，缩放图形的大小；使用文本工具，输入标题文字；使用"分离"命令，将文字打散；使用任意变形工具和"封套"按钮，对文字进行编辑。

图 4-265

【素材所在位置】云盘 /Ch04/ 素材 / 制作促销贴 /01。

【效果所在位置】云盘 /Ch04/ 效果 / 制作促销贴 . fla，如图 4-265 所示。

4.6 课后习题——制作转动文字效果

【习题知识要点】使用"导入到库"命令，将素材导入到"库"面板；使用"创建元件"命令，制作按钮元件；使用文本工具，输入文字；使用"变形"面板，设置实例的倾斜效果。

【素材所在位置】云盘 /Ch04/ 素材 / 制作转动文字效果 /01。

【效果所在位置】云盘 /Ch04/ 效果 / 制作转动文字效果 . fla，如图 4-266 所示。

图 4-266

第 5 章

基本动画

05

▶ 本章介绍

利用 Animate CC 2019 能方便地制作出自己心仪的动画，时间轴和帧起到了关键性的作用。本章将介绍 Animate 动画中帧和时间轴的使用方法及应用技巧。读者通过学习，可了解并掌握如何灵活地应用帧和时间轴，并能够根据设计需要制作出丰富多彩的动画效果。

学习目标

● 了解动画和帧的基本概念。

● 掌握逐帧动画的制作方法。

● 掌握形状补间动画的制作方法。

● 掌握传统补间动画的制作方法。

● 掌握动画预设的使用方法。

技能目标

● 掌握"打字效果"的制作方法和技巧。

● 掌握"表情动画"的制作方法和技巧。

● 掌握"小汽车动画"的制作方法和技巧。

● 掌握"小风扇广告动画"的制作方法和技巧。

慕课视频

基本动画

5.1 帧动画

要将一幅静止的画面按照某种顺序快速地、连续地播放，需要用时间轴和帧来为它们完成时间和顺序的安排。

5.1.1 课堂案例——制作打字效果

【案例学习目标】使用不同的绘图工具绘制图形，使用时间轴制作动画。

【案例知识要点】使用线条工具和"属性"面板，绘制光标图形；使用文本工具，添加文字；使用"新建元件"命令和"创建传统补间"命令，制作文字动画；使用"翻转帧"命令，将帧进行翻转。效果如图 5-1 所示。

【效果所在位置】云盘 /Ch05/ 效果 / 制作打字效果 .fla。

图 5-1

1. 导入图片并制作元件

（1）在欢迎页的"详细信息"选项组中，将"宽"项设为 1000，"高"项设为 500，"平台类型"选项的下拉列表中选择"ActionScript 3.0"选项，单击"创建"按钮，完成文档的创建。

（2）将"图层 _1"重命名为"底图"，如图 5-2 所示。选择"文件 > 导入 > 导入到舞台"命令，在弹出的"导入"对话框中，选择云盘中的"Ch05 > 素材 > 制作打字效果 > 01"文件，单击"打开"按钮，文件被导入到舞台窗口中，如图 5-3 所示。

图 5-2   图 5-3

（3）按 Ctrl+F8 组合键，弹出"创建新元件"对话框，在"名称"项的文本框中输入"光标"，在"类型"选项的下拉列表中选择"图形"选项，如图 5-4 所示。单击"确定"按钮，新建图形元件"光标", 如图 5-5 所示。舞台窗口也随之转换为图形元件的舞台窗口。

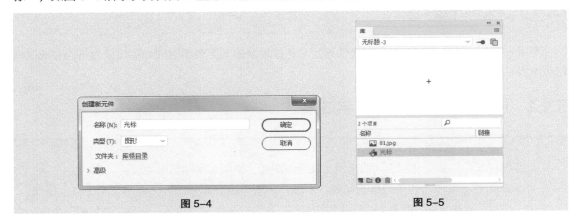

图 5-4　　　　　　　　　　　　　　　　　　图 5-5

（4）选择"线条"工具 ✏️, 单击工具箱下方的"对象绘制"按钮 ▣, 在线条工具"属性"面板中, 将"笔触颜色"设为黑色, "笔触"项设 2。在舞台窗口中绘制一条直线, 效果如图 5-6 所示。

（5）选择"选择"工具 ▶, 在舞台窗口中选中直线, 在绘制对象"属性"面板中, 将"宽"项设为 20, "X"项和"Y"项均设为 0, 如图 5-7 所示, 效果如图 5-8 所示。

图 5-6　　　　　　　　　　　图 5-7　　　　　　　　　　　图 5-8

2. 添加文字并制作打字效果

（1）按 Ctrl+F8 组合键, 弹出"创建新元件"对话框, 在"名称"项的文本框中输入"文字动", 在"类型"选项的下拉列表中选择"影片剪辑"选项, 如图 5-9 所示。单击"确定"按钮, 新建影片剪辑元件"文字动", 如图 5-10 所示。舞台窗口也随之转换为影片剪辑元件的舞台窗口。

图 5-9　　　　　　　　　　　　　　　　　　图 5-10

（2）将"图层_1"重命名为"文字"。选择"文本"工具 T ，在文本工具"属性"面板中进行设置。在舞台窗口中适当的位置输入大小为22、行距为5、字体为"方正俊黑简体"的黑色文字，文字效果如图5-11所示。

（3）在"时间轴"面板中创建新图层并将其命名为"光标"。分别选中"文字"图层和"光标"图层的第5帧，按F6键，插入关键帧，如图5-12所示。

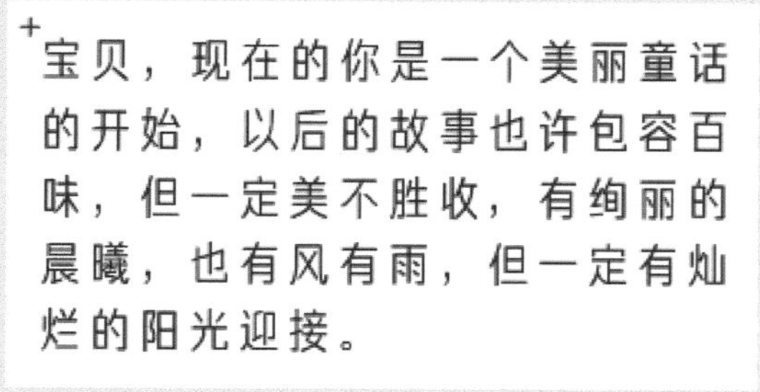

宝贝，现在的你是一个美丽童话的开始，以后的故事也许包容百味，但一定美不胜收，有绚丽的晨曦，也有风有雨，但一定有灿烂的阳光迎接。

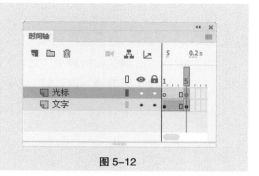

图5-11

图5-12

（4）选中"光标"图层的第5帧，将"库"面板中的图形元件"光标"拖曳舞台窗口中，并放置在适当的位置，如图5-13所示。选中"文字"图层的第5帧，选择"文本"工具 T ，将光标上方的句号删除，效果如图5-14所示。分别选中"文字"图层和"光标"图层的第10帧，按F6键，插入关键帧。

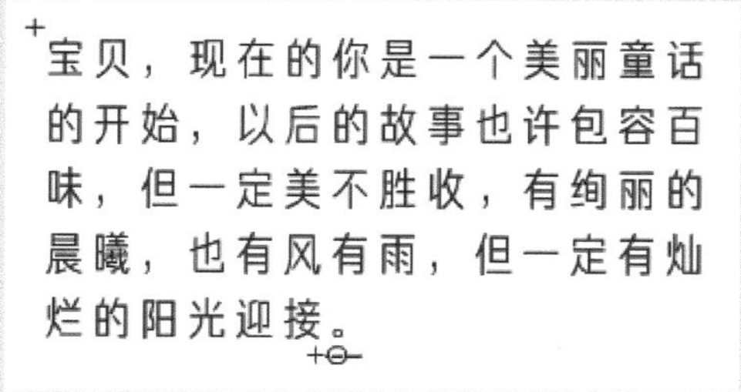

宝贝，现在的你是一个美丽童话的开始，以后的故事也许包容百味，但一定美不胜收，有绚丽的晨曦，也有风有雨，但一定有灿烂的阳光迎接。

图5-13

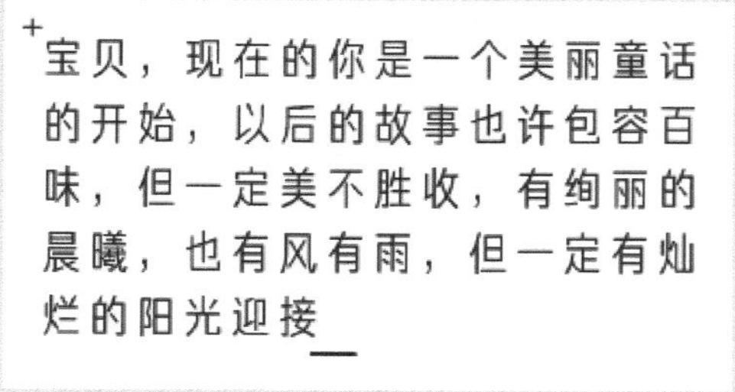

宝贝，现在的你是一个美丽童话的开始，以后的故事也许包容百味，但一定美不胜收，有绚丽的晨曦，也有风有雨，但一定有灿烂的阳光迎接

图5-14

（5）选中"光标"图层的第10帧，将"光标"实例平移到文字中"接"字的下方，如图5-15所示。选中"文字"图层的第10帧，将光标上方的"接"字删除，效果如图5-16所示。

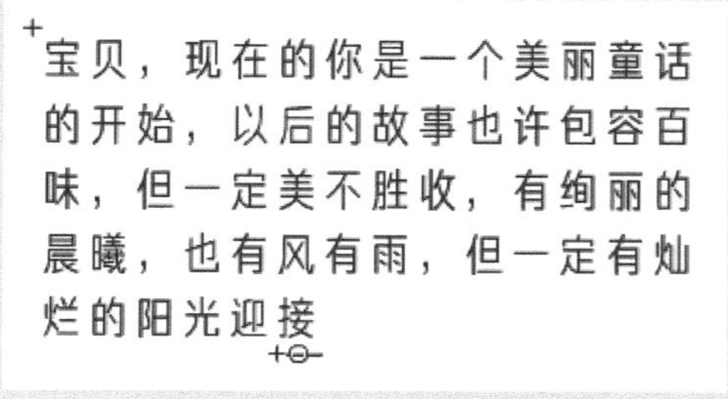

宝贝，现在的你是一个美丽童话的开始，以后的故事也许包容百味，但一定美不胜收，有绚丽的晨曦，也有风有雨，但一定有灿烂的阳光迎接

图5-15

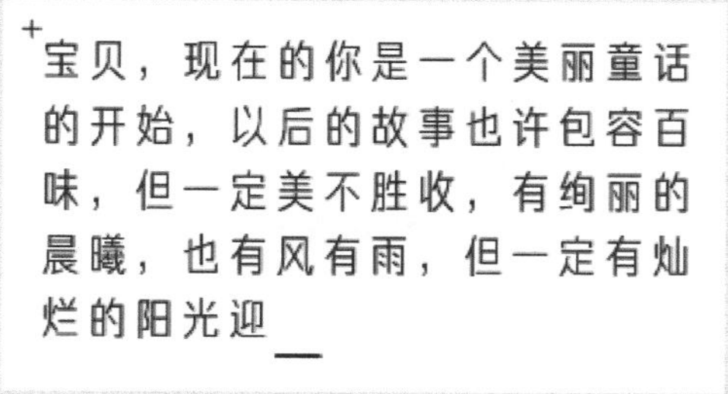

宝贝，现在的你是一个美丽童话的开始，以后的故事也许包容百味，但一定美不胜收，有绚丽的晨曦，也有风有雨，但一定有灿烂的阳光迎

图5-16

（6）用相同的方法，每间隔5帧插入一个关键帧，在插入的帧上将"光标"实例移动到前一个字的下方，并删除该字，直到删除完所有的字，如图5-17所示。舞台窗口中的效果如图5-18所示。

第5章 基本动画

111

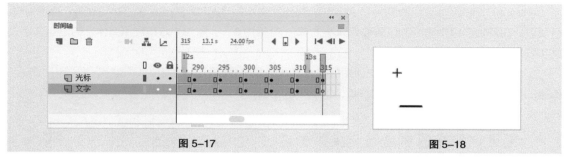

图 5-17　　　　　　　　　　　　　　　　图 5-18

（7）按住 Shift 键的同时单击"文字"图层和"光标"图层的图层名称，选中两个图层中的所有帧，选择"修改 > 时间轴 > 翻转帧"命令，对所有帧进行翻转，如图 5-19 所示。

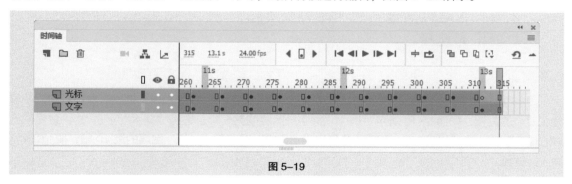

图 5-19

（8）单击舞台窗口左上方的"场景 1"图标 场景 1，进入"场景 1"的舞台窗口。在"时间轴"面板中创建新图层并将其命名为"文字"。将"库"面板中的影片剪辑元件"文字动"拖曳到舞台窗口中，并放置在适当的位置，如图 5-20 所示。打字效果制作完成，按 Ctrl+Enter 组合键即可查看效果，如图 5-21 所示。

图 5-20　　　　　　　　　　　　　　　　图 5-21

5.1.2　动画中帧的概念

医学研究证明，人类具有视觉暂留的特点，即人眼看到物体或画面后，在 1/24 秒内不会消失。利用这一原理，在一幅画消失之前播放下一幅画，就会让人产生流畅变化的视觉感受。所以，动画就是通过连续播放一系列静止画面，给视觉造成连续变化的感觉。

在 Animate CC 2019 中，这一系列单幅的画面就叫帧，它是 Animate CC 2019 动画中最小时间单位里出现的画面。每秒显示的帧数叫帧率。如果帧率太慢就会给人不流畅的感觉。所以，按照人的视觉原理，一般将动画的帧率设为 24 帧 / 秒。

在 Animate CC 2019 中，动画制作的过程就是决定动画每一帧显示什么内容的过程。用户可以像传统动画一样自己绘制动画的每一帧，即逐帧动画。但制作逐帧动画所需的工作量非常大。为此，Animate CC 2019 还提供了一种简单的动画制作方法，即采用关键帧处理技术制作插值动画。插值动画又分为运动动画和变形动画两种。

制作插值动画的关键是绘制动画的起始帧和结束帧，中间帧的效果由 Animate 自动计算得出。为此，在 Animate CC 2019 中提供了关键帧、过渡帧、空白关键帧的概念。关键帧描绘动画的起始帧和结束帧。当动画内容发生变化时必须插入关键帧，即使是逐帧动画也要为每个画面创建关键帧。关键帧有延续性，开始关键帧中的对象会延续到结束关键帧。过渡帧是动画起始、结束关键帧中间系统自动生成的帧。空白关键帧是不包含任何对象的关键帧。因为 Animate CC 2019 只支持在关键帧中绘画或插入对象，所以，当动画内容发生变化而又不希望延续前面关键帧的内容时需要插入空白关键帧。

5.1.3 帧的显示形式

在 Animate CC 2019 中，帧包括下述多种显示形式。

1. 空白关键帧

在时间轴中，白色背景带有黑圈的帧为空白关键帧，表示在当前舞台中没有任何内容，如图 5-22 所示。

2. 关键帧

在时间轴中，灰色背景带有黑点的帧为关键帧。表示在当前场景中存在一个关键帧，在关键帧相对应的舞台中存在一些内容，如图 5-23 所示。

在时间轴中，存在多个帧。带有黑色圆点的第 1 帧为关键帧，最后 1 帧上面带有黑的矩形框，为普通帧。除了第 1 帧以外，其他帧均为普通帧，如图 5-24 所示。

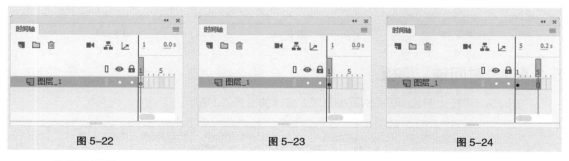

图 5-22   图 5-23   图 5-24

3. 传统补间帧

在时间轴中，带有黑色圆点的第 1 帧和最后 1 帧为关键帧，中间紫色背景带有黑色箭头的帧为传统补间帧，如图 5-25 所示。

4. 形状补间帧

在时间轴中，带有黑色圆点的第 1 帧和最后 1 帧为关键帧，中间浅咖色背景带有黑色箭头的帧为形状补间帧，如图 5-26 所示。

在时间轴中，帧上出现虚线，表示是未完成或中断了的补间动画，虚线表示不能够生成补间帧，如图 5-27 所示。

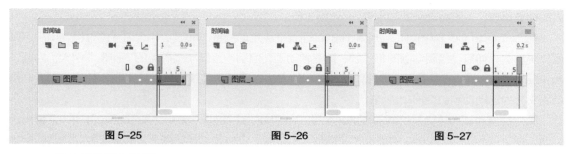

图 5-25　　　　　　图 5-26　　　　　　图 5-27

5. 包含动作语句的帧

在时间轴中，第 1 帧上出现一个字母 "a"，表示这一帧中包含了使用"动作"面板设置的动作语句，如图 5-28 所示。

6. 帧标签

在时间轴中，第 1 帧上出现一只红旗，表示这一帧的标签类型是名称。红旗右侧的 "mc" 是帧标签的名称，如图 5-29 所示。

图 5-28

在时间轴中，第 1 帧上出现两条绿色斜杠，表示这一帧的标签类型是注释，如图 5-30 所示。帧注释是对帧的解释，帮助用户理解该帧在影片中的作用。

在时间轴中，第 1 帧上出现一个金色的锚，表示这一帧的标签类型是锚记，如图 5-31 所示。帧锚记表示该帧是一个定位，方便浏览者在浏览器中快进、快退。

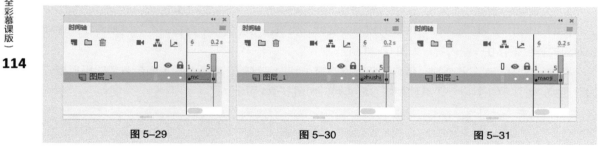

图 5-29　　　　　　图 5-30　　　　　　图 5-31

5.1.4 "时间轴"面板

"时间轴"面板由图层面板和时间轴组成，具体如图 5-32 所示。

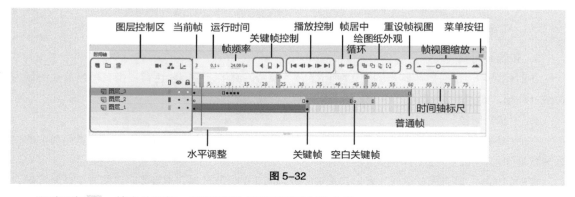

图 5-32

眼睛图标 👁：单击此图标，可以隐藏或显示图层中的内容。

锁状图标🔒：单击此图标，可以锁定或解锁图层。

线框图标▯：单击此图标，可以将图层中的内容以线框的方式显示。

"新建图层"按钮🖿：用于创建图层。

"新建文件夹"按钮🗂：用于创建图层文件夹。

"删除"按钮🗑：用于删除无用的图层。

"添加摄像头"按钮📹：用于创建摄像机图层。

"显示父级视图"按钮🖧：用于显示父级关系。

"调用图层深度面板"按钮📈：单击此按钮，可以调出图层深度面板。

5.1.5　绘图纸（洋葱皮）功能

一般情况下，Animate CC 2019 的舞台只能显示当前帧中的对象。如果希望在舞台上出现多帧对象以帮助当前帧对象的定位和编辑，使用 Animate CC 2019 提供的绘图纸（洋葱皮）功能可以实现。

打开云盘中的"基础素材 > Ch05 > 01"文件。在"时间轴"面板右上方的按钮功能如下。

"帧居中"按钮➕：单击此按钮，播放头所在帧会显示在时间轴的中间位置。

"循环"按钮🔁：单击此按钮，在标记范围内的帧将以循环播放方式显示在舞台上。

"绘图纸外观"按钮🖺：单击此按钮，时间轴标尺上出现绘图纸的标记显示，如图 5-33 所示。在标记范围内的帧上的对象将同时显示在舞台中，如图 5-34 所示。可以用鼠标拖曳标记点来增加显示的帧数，如图 5-35 所示。

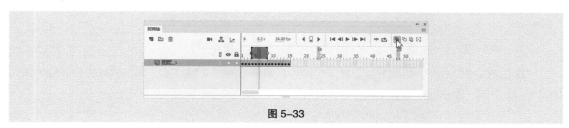

图 5-33

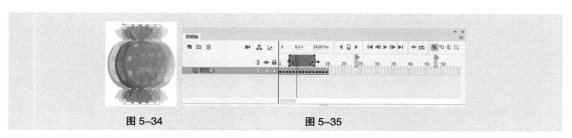

图 5-34　　　　　　　　图 5-35

"绘图纸外观轮廓"按钮🖺：单击此按钮，时间轴标尺上出现绘图纸的标记显示，如图 5-36 所示。在标记范围内的帧上的对象将以轮廓线的形式同时显示在舞台中，如图 5-37 所示。

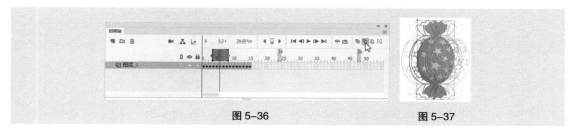

图 5-36　　　　　　　　图 5-37

"编辑多个帧"按钮 ：单击此按钮，时间轴标尺上出现绘图纸的标记显示，如图 5-38 所示。绘图纸标记范围内的帧上的对象将同时显示在舞台中，可以同时编辑所有的对象，如图 5-39 所示。

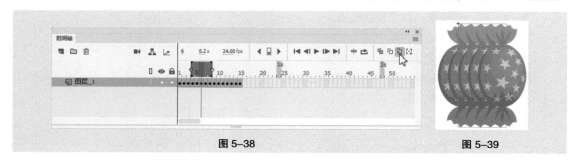

图 5-38 图 5-39

"修改绘图纸标记"按钮 ：单击此按钮，弹出下拉菜单，如图 5-40 所示。

"始终显示标记"命令：在时间轴标尺上总是显示出绘图纸标记。

"锚定标记"命令：将锁定绘图纸标记的显示范围，移动播放头将不会改变显示范围，如图 5-41 所示。

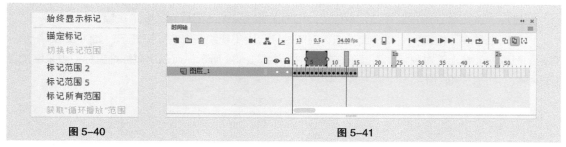

图 5-40 图 5-41

"标记范围 2"命令：绘图纸标记显示范围为从当前帧的前 2 帧开始，到当前帧的后 2 帧结束，如图 5-42 所示。图形显示效果如图 5-43 所示。

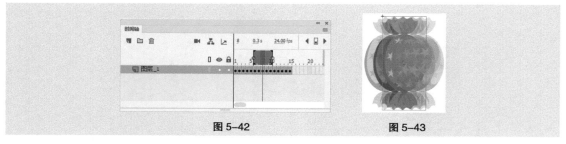

图 5-42 图 5-43

"标记范围 5"命令：绘图纸标记显示范围为从当前帧的前 5 帧开始，到当前帧的后 5 帧结束，如图 5-44 所示。图形显示效果如图 5-45 所示。

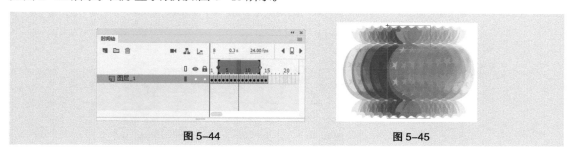

图 5-44 图 5-45

"标记所有范围"命令：绘图纸标记显示范围为时间轴中的所有帧，如图 5-46 所示。图形显示效果如图 5-47 所示。

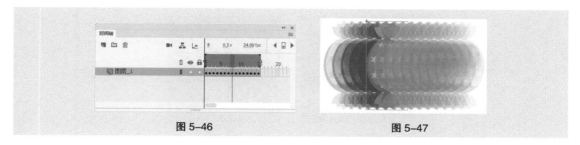

图 5-46　　　　　　　　　　　　　　　图 5-47

5.1.6　在"时间轴"面板中设置帧

在"时间轴"面板中可以对帧进行一系列的操作。

1. 插入帧

选择"插入 > 时间轴 > 帧"命令，或按 F5 键，可以在时间轴上插入一个普通帧。

选择"插入 > 时间轴 > 关键帧"命令，或按 F6 键，可以在时间轴上插入一个关键帧。

选择"插入 > 时间轴 > 空白关键帧"命令，可以在时间轴上插入一个空白关键帧。

2. 选择帧

选择"编辑 > 时间轴 > 选择所有帧"命令，可选中时间轴中的所有帧。

单击要选的帧，帧变为蓝色。

用鼠标选中要选择的帧，再向前或向后进行拖曳，其间鼠标指针经过的帧全部被选中。

按住 Ctrl 键的同时，用鼠标单击要选择的帧，可以选择多个不连续的帧。

按住 Shift 键的同时，用鼠标单击要选择的两个帧，这两个帧中间的所有帧都被选中。

3. 移动帧

选中一个或多个帧，按住鼠标，移动所选帧到目标位置即可。在移动过程中，如果按住 Alt 键，会在目标位置上复制出所选的帧。

选中一个或多个帧，选择"编辑 > 时间轴 > 剪切帧"命令，或按 Ctrl+Alt+X 组合键，可剪切所选的帧。选中目标位置，选择"编辑 > 时间轴 > 粘贴帧"命令，或按 Ctrl+Alt+V 组合键，可在目标位置上粘贴所选的帧。

4. 删除帧

用鼠标右键单击要删除的帧，在弹出的菜单中选择"清除帧"命令。

选中要删除的普通帧，按 Shift+F5 组合键，删除帧；选中要删除的关键帧，按 Shift+F6 组合键，删除关键帧。

在 Animate CC 2019 系统默认状态下，"时间轴"面板中每一个图层的第 1 帧都被设置为关键帧。后面插入的帧将拥有第 1 帧中的所有内容。

5.1.7　帧动画

打开云盘中的"基础素材 > Ch05 > 02"文件，如图 5-48 所示。选中"鱼"图层的第 5 帧，按

F6 键，插入关键帧。选择"选择"工具 ▶ ，在舞台窗口中将"鱼"图形向左上方拖曳到适当的位置，效果如图 5-49 所示。

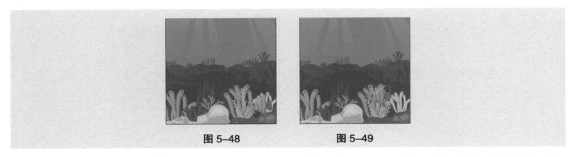

图 5-48　　　　　　　　　图 5-49

选中"鱼"图层的第 10 帧，按 F6 键，插入关键帧，如图 5-50 所示。将"鱼"图形向左上方拖曳到适当的位置，效果如图 5-51 所示。

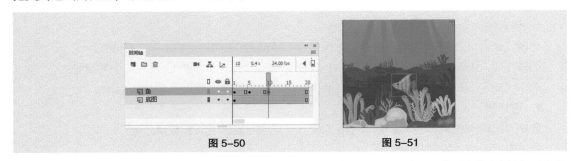

图 5-50　　　　　　　　　图 5-51

选中"鱼"图层的第 15 帧，按 F6 键，插入关键帧，如图 5-52 所示。将"鱼"图形左下方拖曳到适当的位置，效果如图 5-53 所示。

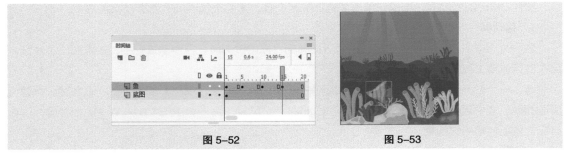

图 5-52　　　　　　　　　图 5-53

按 Enter 键，让播放头进行播放，即可观看制作效果。在不同的关键帧上动画显示的效果如图 5-54 所示。

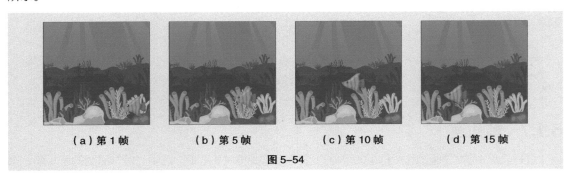

（a）第 1 帧　　　（b）第 5 帧　　　（c）第 10 帧　　　（d）第 15 帧

图 5-54

5.1.8 逐帧动画

新建空白文档，选择"文本"工具 **T**，在第 1 帧的舞台中输入文字"漫"字，如图 5-55 所示。在"时间轴"面板中选中第 2 帧，如图 5-56 所示。按 F6 键，插入关键帧，如图 5-57 所示。

| 图 5-55 | 图 5-56 | 图 5-57 |

在第 2 帧的舞台中输入"天"字，如图 5-58 所示。用相同的方法在第 3 帧上插入关键帧，在舞台中输入"飞"字，如图 5-59 所示。在第 4 帧上插入关键帧，在舞台中输入"舞"字，如图 5-60 所示。按 Enter 键，让播放头进行播放，即可观看制作效果。

| 图 5-58 | 图 5-59 | 图 5-60 |

还可以通过从外部导入图片组来实现逐帧动画的效果。

选择"文件 > 导入 > 导入到舞台"命令，弹出"导入"对话框，在对话框中选择云盘中的"基础素材 > Ch05 > 逐帧动画 > 01"文件，如图 5-61 所示。单击"打开"按钮，弹出提示对话框，询问是否将图像序列中的所有图像导入，如图 5-62 所示。

| 图 5-61 | 图 5-62 |

单击"是"按钮，将图像序列导入到舞台中，如图 5-63 所示。按 Enter 键，让播放头进行播放，即可观看制作效果。

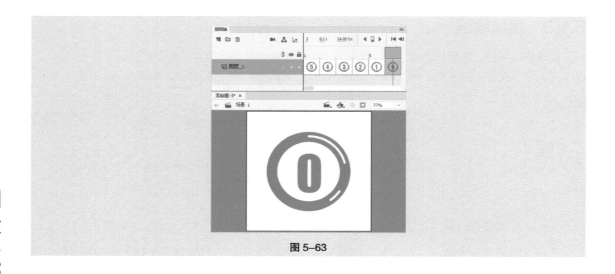

图 5-63

5.2 动画的创建

应用帧可以制作帧动画或逐帧动画，即利用在不同帧上设置不同的对象来实现动画效果。

形状补间动画是使图形形状发生变化的动画，它所处理的对象必须是舞台上的图形。

动作补间动画所处理的对象必须是舞台上的组件实例、多个图形的组合、文字、导入的素材对象。利用这种动画，可以实现上述对象的大小、位置、旋转、颜色及透明度等变化效果。

色彩变化动画是指对象没有动作和形状上的变化，只是在颜色上产生了变化。

5.2.1 课堂案例——制作表情动画

【案例学习目标】使用"创建补间形状"命令制作形状演变动画。

【案例知识要点】使用椭圆工具、矩形工具和"创建补间形状"命令，制作形状演变效果。效果如图 5-64 所示。

【效果所在位置】云盘 /Ch05/ 效果 / 制作表情动画 .fla。

扫码观看本案例视频

扫码查看扩展案例

图 5-64

（1）在欢迎页的"详细信息"选项组中，将"宽"项设为 591，"高"项设为 591，"平台类型"选项的下拉列表中选择"ActionScript 3.0"选项，单击"创建"按钮，完成文档的创建。

（2）按 Ctrl+F8 组合键，弹出"创建新元件"对话框，在"名称"项的文本框中输入"眼睛"，在"类型"选项的下拉列表中选择"影片剪辑"选项，如图 5-65 所示。单击"确定"按钮，新建影片剪辑元件"眼睛"，如图 5-66 所示。舞台窗口也随之转换为影片剪辑元件的舞台窗口。

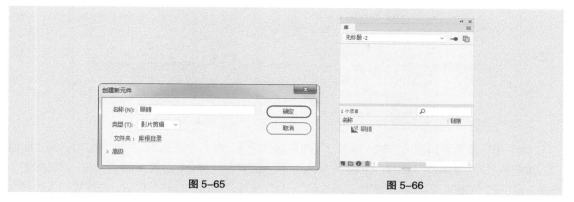

图 5-65   图 5-66

（3）选择"椭圆"工具 ，在工具箱中将"笔触颜色"设为无，"填充颜色"设为酒红色（#921936），单击工具箱下方的"对象绘制"按钮 。按住Shfit键的同时，在舞台窗口中绘制一个圆形，如图5-67所示。选择"选择"工具 ▶，选中绘制的圆形，在绘制对象"属性"面板中，将"宽"项和"高"项均设为36，"X"项和"Y"项均设为0，如图5-68所示，效果如图5-69所示。

图 5-67   图 5-68   图 5-69

（4）按 Ctrl+C 组合键，将其复制。选中"图层_1"的第15帧，按F7键，插入空白关键帧，如图5-70所示。选择"矩形"工具 ，在工具箱中将"笔触颜色"设为无，"填充颜色"设为深红色（#4C1020）。按住 Shift 键的同时，在舞台窗口中绘制一个矩形。

（5）选择"选择"工具 ▶，选中绘制的矩形，在绘制对象"属性"面板中，将"宽"项和"高"项均设为36，"X"项和"Y"项均设为0，如图5-71所示，效果如图5-72所示。

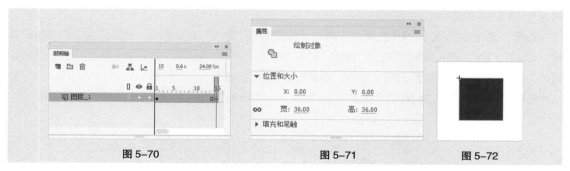

图 5-70   图 5-71   图 5-72

（6）选中"图层_1"的第30帧，按F7键，插入空白关键帧，如图5-73所示。按 Ctrl+Shift+V 组合键，将复制的图形原位粘贴到第30帧的舞台窗口中。

（7）分别用鼠标右键单击"图层1"的第1帧、第15帧，在弹出的快捷菜单中选择"创建补间形状"命令，创建形状补间动画，如图5-74所示。

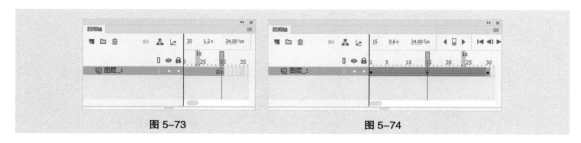

图 5-73   图 5-74

（8）单击舞台窗口左上方的"场景 1"图标 场景 1，进入"场景 1"的舞台窗口。将"图层 _1"重新命名为"底图"。选择"文件 > 导入 > 导入到舞台"命令，在弹出的"导入"对话框中，选择云盘中的"Ch05 > 素材 > 制作表情效果 > 01"文件，单击"打开"按钮，文件被导入到舞台窗口中，如图 5-75 所示。

（9）在"时间轴"面板中创建新图层并将其命名为"眼睛"。将"库"面板中的影片剪辑元件"眼睛"拖曳到舞台窗口中，并放置在适当的位置，如图 5-76 所示。

（10）选择"选择"工具 ▶，选中"眼睛"实例，按住 Alt 键的同时拖曳鼠标到适当的位置，复制"眼睛"实例，效果如图 5-77 所示。表情动画效果制作完成，按 Ctrl+Enter 组合键即可查看效果。

图 5-75   图 5-76   图 5-77

5.2.2　简单形状补间动画

如果舞台上的对象是组件实例、多个图形的组合、文字、导入的素材对象，必须先分离或取消组合，将其打散成图形，才能制作形状补间动画。利用这种动画，也可以实现上述对象的大小、位置、旋转、颜色及透明度等的变化。

选择"文件 > 导入 > 导入到舞台"命令，在弹出的"导入"对话框中，选择云盘中的"基础素材 > Ch05 > 03"文件，单击"打开"按钮，弹出"将'03.ai'导入到库"对话框。单击"导入"按钮，将"03.ai"文件导入到舞台的第 1 帧中。多次按 Ctrl+B 组合键，将其打散，如图 5-78 所示。

选中"图层 _1"的第 10 帧，按 F7 键，插入空白关键帧，如图 5-79 所示。

图 5-78   图 5-79

选择"文件 > 导入 > 导入到库"命令，在弹出的"导入到库"对话框中，选择云盘中的"基础素材 > Ch05 > 04"文件，单击"打开"按钮，弹出"将'04.ai'导入到库"对话框。单击"导入"按钮，将"04.ai"文件导入到库中。将"库"面板中的图形元件"04"拖曳到第10帧的舞台窗口中，多次按 Ctrl+B 组合键，将其打散，如图 5-80 所示。

用鼠标右键单击第1帧，在弹出的快捷菜单中选择"创建补间形状"命令，如图 5-81 所示。

设为"形状"后，"属性"面板中出现如下两个新项。

"缓动"项：用于设定变形动画从开始到结束时的变形速度，其取值范围为 -100 ~ 100。当选择正数时，变形速度呈减速度，即开始时速度快，然后逐渐速度减慢；当选择负数时，变形速度呈加速度，即开始时速度慢，然后逐渐速度加快。

"混合"选项：提供了"分布式"和"角形"两个选项。选择"分布式"选项可以使变形的中间形状趋于平滑；选择"角形"选项则创建包含角度和直线的中间形状。

设置完成后，在"时间轴"面板中，第1帧~第10帧出现浅咖色的背景和黑色的箭头，表示生成形状补间动画，如图 5-82 所示。按 Enter 键，让播放头进行播放，即可观看制作效果。

图 5-80　　　　　　　　　图 5-81　　　　　　　　　图 5-82

在变形过程中每一帧上的图形都发生不同的变化，如图 5-83 所示。

（a）第1帧　　（b）第3帧　　（c）第5帧　　（d）第7帧　　（e）第10帧

图 5-83

5.2.3　应用变形提示

添加变形提示，可以让原图形上的某一点变换到目标图形的某一点上。应用变形提示功能可以制作出各种复杂的变形效果。

选择"多角星形"工具，在多角星形工具"属性"面板中进行设置。在第1帧的舞台中绘制出一个五角星，如图 5-84 所示。选中第10帧，按 F7 键，插入空白关键帧，如图 5-85 所示。

选择"文本"工具 T ，在文本工具"属性"面板中进行设置。在舞台窗口中适当的位置输入大小为 200、字体为"汉仪超粗黑简"的绿色（#00CC00）文字，效果如图 5-86 所示。

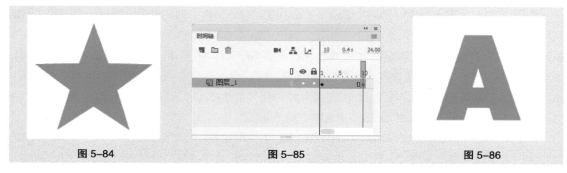

| 图 5-84 | 图 5-85 | 图 5-86 |

选择"选择"工具 ▶ ，选中字母"A"，按 Ctrl+B 组合键，将其打散，效果如图 5-87 所示。用鼠标右键单击第 1 帧，在弹出的菜单中选择"创建补间形状"命令，如图 5-88 所示。在"时间轴"面板中，第 1 帧至第 10 帧之间出现浅咖色的背景和黑色的箭头，表示生成了形状补间动画，如图 5-89 所示。

| 图 5-87 | 图 5-88 | 图 5-89 |

将"时间轴"面板中的播放头放在第 1 帧上，选择"修改 > 形状 > 添加形状提示"命令，或按 Ctrl+Shift+H 组合键，在五角星的中间出现红色的提示点"a"，如图 5-90 所示。将提示点移动到五角星上方的角点上，如图 5-91 所示。将"时间轴"面板中的播放头放在第 10 帧上，第 10 帧的字母上也出现红色的提示点"a"，如图 5-92 所示。

| 图 5-90 | 图 5-91 | 图 5-92 |

将字母上的提示点移动到右下方的边线上，提示点从红色变为绿色，如图 5-93 所示。这时，再将播放头放置在第 1 帧上，可以观察到刚才红色的提示点变为黄色，如图 5-94 所示，这表示在第 1 帧中的提示点和第 10 帧的提示点已经相互对应。

用相同的方法在第 1 帧的五角星中再添加 2 个提示点，分别为"b""c"，并将其放置在五角星的角点上，如图 5-95 所示。在第 10 帧中，将提示点按顺时针的方向分别设置在字母的边线上，如图 5-96 所示，完成提示点的设置。按 Enter 键，让播放头进行播放，即可观看效果。

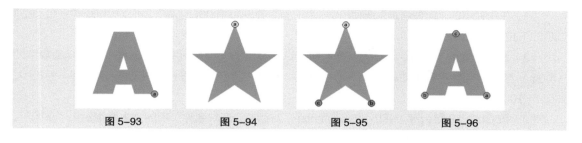

| 图 5-93 | 图 5-94 | 图 5-95 | 图 5-96 |

提 示

形状提示点一定要按顺时针的方向添加，顺序不能错，否则无法实现效果。

在未使用变形提示前，Animate CC 2019 系统自动生成的图形变化过程如图 5-97 所示。

| （a）第 1 帧 | （b）第 3 帧 | （c）第 5 帧 | （d）第 7 帧 | （e）第 10 帧 |

图 5-97

在使用变形提示后，在提示点的作用下生成的图形变化过程如图 5-98 所示。

| （a）第 1 帧 | （b）第 3 帧 | （c）第 5 帧 | （d）第 7 帧 | （e）第 10 帧 |

图 5-98

5.2.4　课堂案例——制作小汽车动画

【案例学习目标】使用"创建传统补间"命令制作动画。

【案例知识要点】使用"导入到库"命令，导入素材制作图形元件；使用"创建传统补间"命令，创建传统补间动画；使用"属性"面板，改变实例的旋转方向。效果如图 5-99 所示。

【效果所在位置】云盘 /Ch05/ 效果 / 制作小汽车动画 .fla。

图 5-99

扫码观看
本案例视频

扫码查看
扩展案例

（1）在欢迎页的"详细信息"选项组中，将"宽"项设为1000，"高"项设为700，"平台类型"选项的下拉列表中选择"ActionScript 3.0"选项，单击"创建"按钮，完成文档的创建。

（2）选择"文件 > 导入 > 导入到库"命令，在弹出的"导入到库"对话框中，选择云盘中的"Ch05 > 素材 > 制作小汽车动画 > 01 ~ 04"文件，单击"打开"按钮，文件被导入到"库"面板中，如图5-100所示。

（3）按Ctrl+F8组合键，弹出"创建新元件"对话框，在"名称"项的文本框中输入"车轮"，在"类型"选项的下拉列表中选择"图形"选项。单击"确定"按钮，新建图形元件"车轮"，如图5-101所示。舞台窗口也随之转换为图形元件的舞台窗口。将"库"面板中的位图文件"03"拖曳到舞台窗口中，并放置在适当的位置，如图5-102所示。

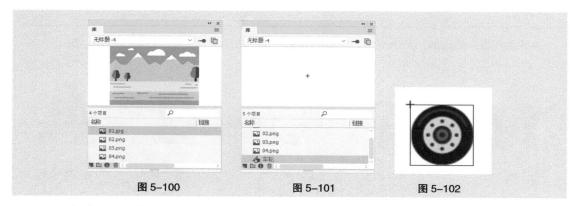

图 5-100   图 5-101   图 5-102

（4）新建图形元件"线条"，舞台窗口也随之转换为图形元件"线条"的舞台窗口。将"库"面板中的位图文件"04"拖曳到舞台窗口中，并放置在适当的位置，如图5-103所示。

（5）新建影片剪辑元件"车轮动"，舞台窗口也随之转换为影片剪辑元件"车轮动"的舞台窗口。将"库"面板中的图形元件"车轮"拖曳到舞台窗口中，如图5-104所示。

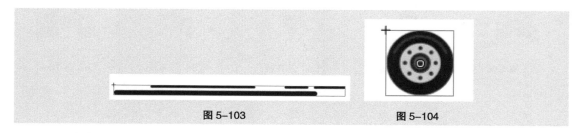

图 5-103   图 5-104

（6）选中"图层_1"的第30帧，按F6键，插入关键帧，如图5-105所示。用鼠标右键单击"图层_1"的第1帧，在弹出的快捷菜单中选择"创建传统补间"命令，生成传统补间动画，如图5-106所示。

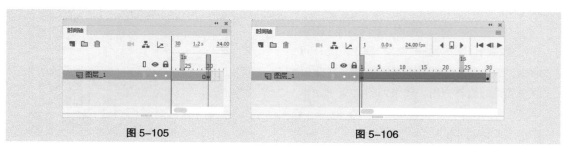

图 5-105   图 5-106

（7）选中"图层_1"的第1帧，在帧"属性"面板中，选择"补间"选项组，将"旋转"设为"逆时针"，"旋转次数"设为1，如图5-107所示。

（8）新建影片剪辑元件"线条动"，舞台窗口也随之转换为影片剪辑元件"线条动"的舞台窗口。将"库"面板中的图形元件"线条"拖曳到舞台窗口中，并将其放置在适当的位置，如图5-108所示。

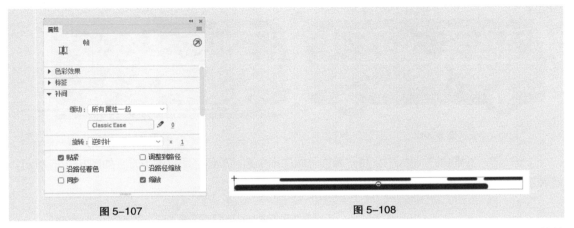

图 5-107 图 5-108

（9）分别选中"图层_1"的第15帧、第30帧，按F6键，插入关键帧。选中"图层_1"的第15帧，在舞台窗口中将"线条"实例水平向右拖曳到适当的位置，如图5-109所示。

（10）分别用鼠标右键单击"图层_1"的第1帧、第15帧，在弹出的快捷菜单中选择"创建传统补间"命令，生成传统补间动画，如图5-110所示。

图 5-109 图 5-110

（11）新建影片剪辑元件"汽车动"，舞台窗口也随之转换为影片剪辑元件"汽车动"的舞台窗口。将"图层_1"重命名为"车体"。将"库"面板中的位图"02"拖曳到舞台窗口中，并放置在适当的位置，如图5-111所示。

（12）在"时间轴"面板中创建新图层并将其命名为"车轮"。将"库"面板中的影片剪辑元件"车轮动"拖曳到舞台窗口中，并放置在适当的位置，如图5-112所示。

图 5-111 图 5-112

（13）选择"选择"工具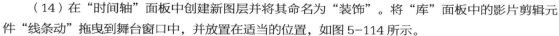，选中"车轮动"实例，按住 Alt+Shift 组合键的同时拖曳其到适当的位置，复制"车轮动"实例，效果如图 5-113 所示。

（14）在"时间轴"面板中创建新图层并将其命名为"装饰"。将"库"面板中的影片剪辑元件"线条动"拖曳到舞台窗口中，并放置在适当的位置，如图 5-114 所示。

图 5-113   图 5-114

（15）在"时间轴"面板中，将"装饰"图层拖曳到"车体"图层的下方，如图 5-115 所示，效果如图 5-116 所示。

图 5-115   图 5-116

（16）单击舞台窗口左上方的"场景 1"图标 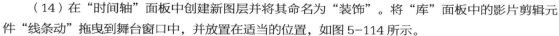 场景 1，进入"场景 1"的舞台窗口。将"图层_1"重新命名为"底图"。将"库"面板中的位图"01"拖曳到舞台窗口的中心位置，如图 5-117 所示。选中"底图"图层的第 120 帧，按 F5 键，插入普通帧，如图 5-118 所示。

图 5-117   图 5-118

（17）在"时间轴"面板中创建新图层并将其命名为"汽车"。将"库"面板中的影片剪辑元件"汽车动"拖曳到舞台窗口的右外侧，如图 5-119 所示。选中"汽车"图层的第 120 帧，按 F6 键，插入关键帧。在舞台窗口中将"汽车动"实例水平向左拖曳到舞台窗口的左外侧，如图 5-120 所示。

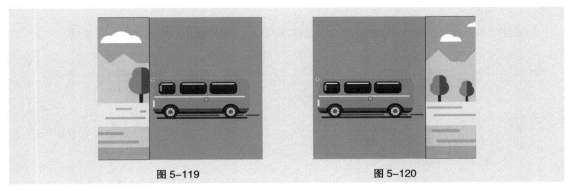

图 5-119   图 5-120

（18）用鼠标右键单击"汽车"图层的第 1 帧，在弹出的快捷菜单中选择"创建传统补间"命令，生成传统补间动画，如图 5-121 所示。小汽车动画效果制作完成，按 Ctrl+Enter 组合键即可查看效果，如图 5-122 所示。

图 5-121   图 5-122

5.2.5　创建补间动画

补间动画是一种使用元件构成的动画，可以对元件进行位移、大小、旋转、透明和颜色等动画设置。

打开云盘中的"基础素材 > Ch05 > 05"文件，如图 5-123 所示。在"时间轴"面板中创建新图层并将其命名为"太阳"，如图 5-124 所示。将"库"面板中的图形元件"太阳"拖曳到舞台窗口中，并放置在适当的位置，如图 5-125 所示。

图 5-123   图 5-124   图 5-125

分别选中"底图"图层和"太阳"图层的第 40 帧，按 F5 键，插入普通帧。用鼠标右键单击"太阳"图层的第 1 帧，在弹出的快捷菜单中选择"创建补间动画"命令，如图 5-126 所示，创建补间动画，如图5-127所示。

创建完成后补间范围以黄色背景显示，而且只有第1帧为关键帧，其余帧均为普通帧。

图5-126　　　　　　　　　　　图5-127

设为"补间动画"后，"属性"面板中出现多个新的选项，如图5-128所示。

"缓动"项：用于设定动作补间动画从开始到结束时的运动速度。其取值范围为-100～100。当选择正数时，运动速度呈减速度，即开始时速度快，然后速度逐渐减慢；当选择负数时，运动速度呈加速度，即开始时速度慢，然后速度逐渐加快。

"旋转"项：用于设置对象在运动过程中的旋转样式和次数。

"方向"选项：用于设置旋转的方向。

"调整到路径"复选框：勾选此复选框，可以按照运动轨迹曲线改变变化的方向。

"路径"项：用于设置运动轨迹。

"同步图形元件"复选框：勾选此复选框，如果对象是一个包含动画效果的图形组件实例，其动画和主时间轴同步。

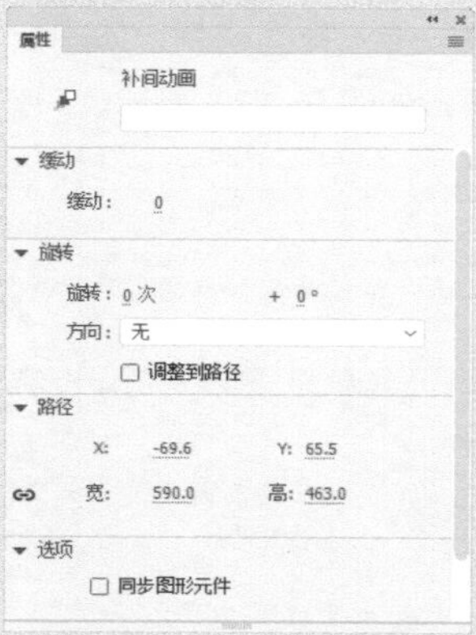

图5-128

选中"太阳"图层的第40帧，在舞台窗口中将"太阳"实例拖曳到适当的位置，如图5-129所示。此时在第40帧上会自动产生一个属性关键帧，并在舞台窗口中显示运动轨迹。

选择"选择"工具 ▶ ，将鼠标指针放置在运动轨迹上，鼠标指针变为 ，如图5-130所示，单击并拖曳运动轨迹可以更改运动轨迹，效果如图5-131所示。

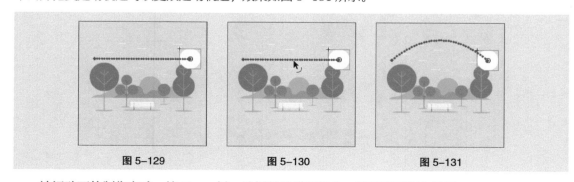

图5-129　　　　　　　　图5-130　　　　　　　　图5-131

补间动画的制作完成。按Enter键，让播放头进行播放，即可观看制作效果。

5.2.6　创建传统补间

打开云盘中的"基础素材 > Ch05 > 06"文件，如图5-132所示。在"时间轴"面板中创建新图层并将其命名为"飞机"。将"库"面板中的图形元件"02"拖曳到舞台窗口中，并放置在适当的位置，如图5-133所示。

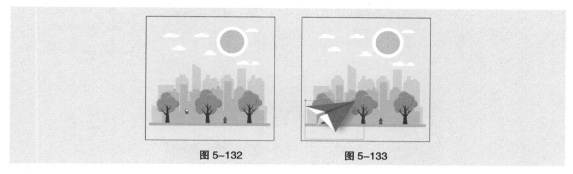

图 5-132   图 5-133

在"时间轴"面板中用鼠标右键单击"飞机"图层的第10帧，在弹出的菜单中选择"插入关键帧"命令，在第10帧上插入一个关键帧，如图5-134所示。将飞机图形拖曳到舞台的右上方，如图5-135所示。

在"时间轴"面板中选中"飞机"图层的第1帧，单击鼠标右键，在弹出的菜单中选择"创建传统补间"命令，如图5-136所示。

图 5-134   图 5-135   图 5-136

设为"传统补间"后，"属性"面板中出现多个新的选项，如图5-137所示。

"缓动"项：用于设定传统补间动画从开始到结束的运动速度。当选择"所有属性一起"时，所有属性的速度将被一起控制；当选择"单独每个属性"选项时，可以设置单个或多个属性的速度。其取值范围为0～100。当选择正数时，运动速度呈减速度，即开始时速度快，然后速度逐渐减慢；当选择负数时，运动速度呈加速度，即开始时速度慢，然后速度逐渐加快。

"旋转"项：用于设置对象在运动过程中的旋转样式和次数。

"贴紧"复选框：勾选此复选框，如果使用运动引导动画，则根据对象的中心点将其吸附到运动路径上。

"调整到路径"复选框：勾选此复选框，对象在运动引导动画过程中，可以根据引导路径的曲线改变变化的方向。

"沿路径着色"复选框：勾选此复选框，对象在运动引导动画过程中，可以根据引导路径的曲线的颜色自动为对象着色。

"沿路径缩放"复选框：勾选此复选框，对象在运动引导动画过程中，可以在动画过程中改变比例。

"同步"复选框：勾选此复选框，如果对象是一个包含动画效果的图形组件实例，其动画和主时间轴同步。

"缩放"复选框：勾选此复选框，对象在动画过程中可以改变比例。

在"时间轴"面板中，第1帧~第10帧出现紫色的背景和黑色的箭头，表示生成了传统补间动画，如图5-138所示。传统补间动画的制作完成，按Enter键，让播放头进行播放，即可观看制作效果。

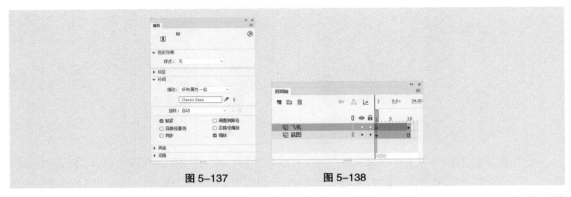

图5-137　　　　　　　　　　　图5-138

如果想观察制作的传统补间动画中每1帧产生的不同效果，可以单击"时间轴"面板上方的"绘图纸外观"按钮 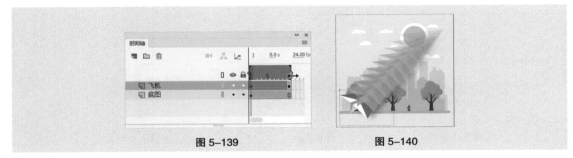，并将标记点的起始点设为第1帧，终止点设为第10帧，如图5-139所示。舞台中显示出在不同的帧中，图形位置的变化效果，如图5-140所示。

图5-139　　　　　　　　　　　图5-140

如果在帧"属性"面板中，将"旋转"选项设为"逆时针"，如图5-141所示，那么在不同的帧中，图形位置的变化效果如图5-142所示。

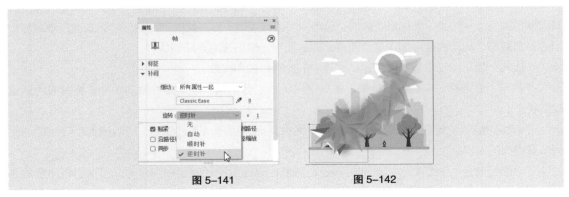

图5-141　　　　　　　　　　　图5-142

还可以在对象的运动过程中改变其大小、透明度等，下面我们就进行介绍。

新建空白文档，选择"文件 > 导入 > 导入到库"命令，在弹出的"导入到库"对话框中，选择云盘中的"基础素材 > Ch05 > 07"文件，单击"打开"按钮，弹出"将'07.ai'文件导入到库"对话框。单击"导入"按钮，将文件导入到"库"面板，如图5-143所示。将图形拖曳到舞台的中心，如图 5-144 所示。

用鼠标右键单击"图层_1"的第 10 帧，在弹出的快捷菜单中选择"插入关键帧"命令，在第 10 帧上插入一个关键帧，如图 5-145 所示。

图 5-143 　　　　　　　图 5-144 　　　　　　　图 5-145

按 Ctrl+T 组合键，弹出"变形"面板，单击面板下方的"水平翻转所选内容"按钮 ，如图 5-146 所示，效果如图 5-147 所示。

在"变形"面板中，将"缩放宽度"项和"缩放高度"项均设为 70，如图 5-148 所示，效果如图 5-149 所示。

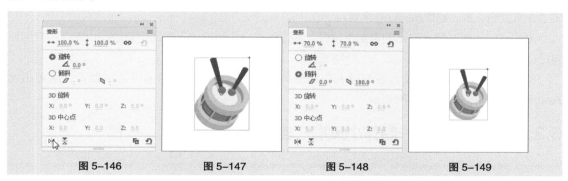

图 5-146 　　　　图 5-147 　　　　图 5-148 　　　　图 5-149

选择"选择"工具 ，在舞台窗口中选中"07"实例，选择"窗口 > 属性"命令，打开图形"属性"面板，在"色彩效果"选项组中的"样式"选项的下拉列表中选择"Alpha"选项，将"Alpha 数量"选项设为 20，如图 5-150 所示。

舞台中图形的不透明度被改变，如图 5-151 所示。在"时间轴"面板中，用鼠标右键单击"图层_1"的第 1 帧，在弹出的快捷菜单中选择"创建传统补间"命令，第 1 帧 ~ 第 10 帧之间生成传统补间动画，如图 5-152 所示。按 Enter 键，让播放头进行播放，即可观看制作效果。

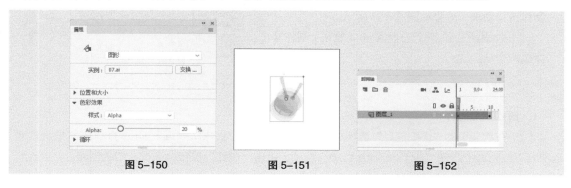

图 5-150 　　　　　　　图 5-151 　　　　　　　图 5-152

在不同的关键帧中，图形的动作变化效果如图5-153所示。

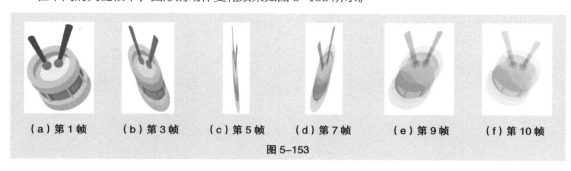

（a）第1帧　　（b）第3帧　　（c）第5帧　　（d）第7帧　　（e）第9帧　　（f）第10帧

图5-153

5.3　使用动画预设

动画预设是预配置的补间动画，可以将它们应用于舞台上的对象。我们只需选择对象并单击"动画预设"面板中的"应用"按钮，即可为选中的对象添加动画效果。

使用动画预设是学习在 Animate CC 2019 中添加动画的基础知识的快捷方法。一旦了解了预设的工作方式后，自己制作动画就非常容易了。

用户可以创建并保存自己的自定义预设。它可以来自已修改的现有动画预设，也可以来自用户自己创建的自定义补间。

使用"动画预设"面板，还可导入和导出预设。用户可以与协作人员共享预设，或使用由 Animate 设计社区成员共享的预设。

5.3.1　课堂案例——制作小风扇广告动画

【案例学习目标】使用不同的预设命令制作动画效果。

【案例知识要点】使用"新建元件"命令，制作图形元件；使用"从左边飞入"选项、"从顶部飞入"选项、"从右边飞入"选项、"从底部飞入"选项，制作文字动画；使用"脉搏"选项，制作价位动画。效果如图5-154所示。

【效果所在位置】云盘 /Ch05/ 效果 / 制作小风扇广告动画 .fla。

扫码观看本案例视频

扫码查看扩展案例

图5-154

1.创建图形元件

（1）在欢迎页的"详细信息"选项组中，将"宽"项设为 800，"高"项设为 800，"平台类型"选项的下拉列表中选择"ActionScript 3.0"选项，单击"创建"按钮，完成文档的创建。

（2）选择"文件 > 导入 > 导入到库"命令，在弹出的"导入到库"对话框中，选择云盘中的的"Ch05 > 素材 > 制作小风扇广告动画 > 01、02"文件，单击"打开"按钮，文件被导入"库"面板中，如图 5-155 所示。

（3）按 Ctrl+F8 组合键，弹出"创建新元件"对话框，在"名称"项的文本框中输入"小风扇"，在"类型"选项的下拉列表中选择"图形"选项。单击"确定"按钮，新建图形元件"小风扇"，如图 5-156 所示。舞台窗口也随之转换为图形元件的舞台窗口。将"库"面板中的位图"02"拖曳到舞台窗口中，并将其放置在适当的位置，如图 5-157 所示。

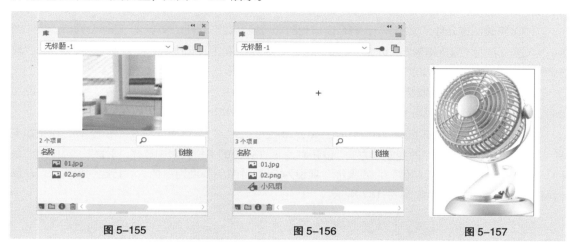

图 5-155　　　　　　　图 5-156　　　　　　　图 5-157

（4）新建图形元件"价位"，舞台窗口也随之转换为图形元件"价位"的舞台窗口。选择"文本"工具 T ，在文本工具"属性"面板中进行设置。在舞台窗口中适当的位置输入大小为 112、字母间距为 3、字体为"Impact"的青色（#0A8FBF）数字，文字效果如图 5-158 所示。再次在舞台窗口中适当的位置输入大小为 48、字体为"方正兰亭粗黑简体"的青色（#0A8FBF）文字，文字效果如图 5-159 所示。

图 5-158　　　　　　　　　　　图 5-159

（5）新建图形元件"文字 1"，舞台窗口也随之转换为图形元件"文字 1"的舞台窗口。选择"文本"工具 T ，在文本工具"属性"面板中，单击"改变文本方向"按钮 ，在弹出的下拉列表中选择"垂直"选项，将"系列"选项设为"方正兰亭粗黑简体"，"大小"项设为 79，"颜色"设为深灰色（#343434），"字母间距"设为 0，其他选项的设置如图 5-160 所示。在舞台窗口中输入文字，效果如图 5-161 所示。

（6）将鼠标指针放置在文字"音"与"大"的中间，如图 5-162 所示。在"属性"面板中将"字母间距"设为 10，效果如图 5-163 所示。

图 5-160   图 5-161   图 5-162   图 5-163

（7）新建图形元件"文字 2"，舞台窗口也随之转换为图形元件"文字 2"的舞台窗口。将"图层_1"重命名为"圆角矩形"。选择"基本矩形"工具 ，在工具箱中将"笔触颜色"设为无，"填充颜色"设为青色（#27C0F7）。在舞台窗口中绘制一个矩形，如图 5-164 所示。

（8）保持矩形的选取状态，在矩形图元"属性"面板中，将"宽"项设为 70，"高"项设为250，"X"项和"Y"项均设为 0，其他选项的设置如图 5-165 所示，效果如图 5-166 所示。

（9）在"时间轴"面板中创建新图层并将其命名为"文字"。选择"文本"工具 T ，在文本工具"属性"面板中，单击"改变文本方向"按钮 ，在弹出的下拉列表中选择"垂直"选项，将"系列"选项设为"方正准圆简体"，"大小"项设为 51，"颜色"设为白色，"行距"设为 2。在舞台窗口中输入文字，效果如图 5-167 所示。

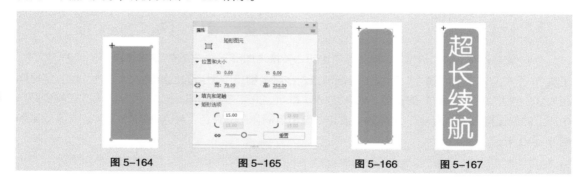

图 5-164   图 5-165   图 5-166   图 5-167

（10）新建图形元件"文字 3"，如图 5-168 所示，舞台窗口也随之转换为图形元件"文字3"的舞台窗口。选择"文本"工具 T ，在文本工具"属性"面板中，单击"改变文本方向"按钮 ，在弹出的下拉列表中选择"垂直"选项，将"系列"选项设为"方正准圆简体"，"大小"项设为 30，"颜色"设为灰色（#535353），"行距"设为 2，其他选项的设置如图 5-169 所示。在舞台窗口中输入文字，效果如图 5-170 所示。

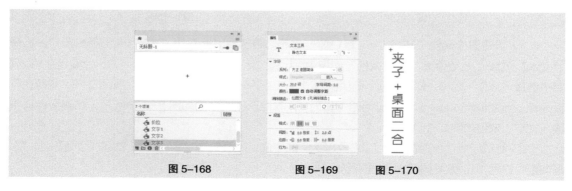

图 5-168   图 5-169   图 5-170

2. 制作场景动画

（1）单击舞台窗口左上方的"场景1"图标 <img> 场景 1 ，进入"场景1"的舞台窗口。将"图层_1"重命名为"底图"，如图5-171所示。将"库"面板中的位图"01"拖曳到舞台窗口的中心位置，如图5-172所示。选中"底图"图层的第90帧，按F5键，插入普通帧。

（2）在"时间轴"面板中创建新图层并将其命名为"风扇"。选中"风扇"图层的第1帧，将"库"面板中的图形元件"小风扇"拖曳到舞台窗口的右外侧，如图5-173所示。

图5-171   图5-172   图5-173

（3）保持"小风扇"实例的选取状态，选择"窗口 > 动画预设"命令，弹出"动画预设"面板，单击"默认预设"文件夹前面的箭头图标，展开"默认预设"，如图5-174所示。

（4）在"动画预设"面板中的"默认预设"文件夹中，选择"从右边飞入"选项，如图5-175所示。单击"应用"按钮，舞台窗口中的效果如图5-176所示。

图5-174   图5-175   图5-176

（5）选中"风扇"图层的第24帧，在舞台窗口中将"小风扇"实例水平向左拖曳到适当的位置，如图5-177所示。选中"风扇"图层的第90帧，按F5键，插入普通帧。

（6）在"时间轴"面板中创建新图层并将其命名为"文字1"。选中"文字1"图层的第10帧，按F6键，插入关键帧。将"库"面板中的图形元件"文字1"拖曳到舞台窗口的左外侧，如图5-178所示。

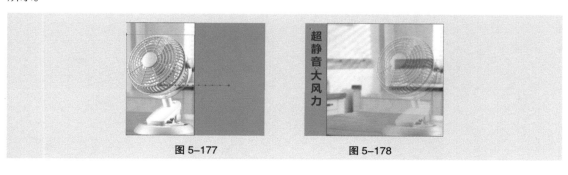

图5-177   图5-178

（7）保持"文字1"实例的选取状态，在"动画预设"面板中的"默认预设"文件夹中，选择"从左边飞入"选项，如图5-179所示。单击"应用"按钮，舞台窗口中的效果如图5-180所示。

（8）选中"文字1"图层的第33帧，在舞台窗口中将"文字1"实例水平向左拖曳到适当的位置，如图5-181所示。选中"文字1"图层的第90帧，按F5键，插入普通帧。

图 5-179　　　　　　　图 5-180　　　　　　　图 5-181

（9）在"时间轴"面板中创建新图层并将其命名为"文字2"。选中"文字2"图层的第10帧，按F6键，插入关键帧。将"库"面板中的图形元件"文字2"拖曳到舞台窗口的上方外侧，如图5-182所示。

（10）保持"文字2"实例的选取状态，在"动画预设"面板中的"默认预设"文件夹中，选择"从顶部飞入"选项，如图5-183所示。单击"应用"按钮，舞台窗口中的效果如图5-184所示。

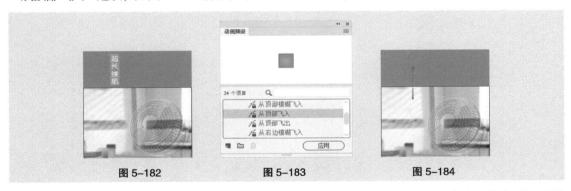

图 5-182　　　　　　　图 5-183　　　　　　　图 5-184

（11）选中"文字2"图层的第33帧，在舞台窗口中将"文字2"实例垂直向下拖曳到适当的位置，如图5-185所示。选中"文字2"图层的第90帧，按F5键，插入普通帧。

（12）在"时间轴"面板中创建新图层并将其命名为"文字3"。选中"文字3"图层的第10帧，按F6键，插入关键帧。将"库"面板中的图形元件"文字3"拖曳到舞台窗口中，并放置在适当的位置，如图5-186所示。

图 5-185　　　　　　　图 5-186

（13）保持"文字3"实例的选取状态，在"动画预设"面板中的"默认预设"文件夹中，选择"从底部飞入"选项，如图5-187所示。单击"应用"按钮，舞台窗口中的效果如图5-188所示。

（14）选中"文字3"图层的第33帧，在舞台窗口中将"文字3"实例垂直向上拖曳到适当的位置，如图5-189所示。选中"文字3"图层的第90帧，按F5键，插入普通帧。

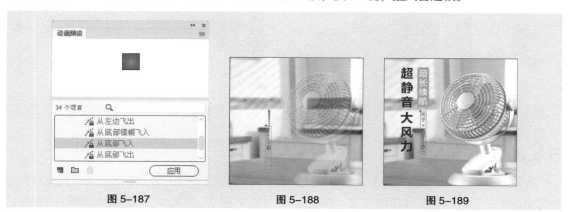

图5-187　　　　　图5-188　　　　　图5-189

（15）在"时间轴"面板中创建新图层并将其命名为"价位"。选中"价位"图层的第10帧，按F6键，插入关键帧。将"库"面板中的图形元件"价位"拖曳到舞台窗口中，并放置在适当的位置，如图5-190所示。

（16）保持"价位"实例的选取状态，在"动画预设"面板中的"默认预设"文件夹中，选择"脉搏"选项，如图5-191所示。单击"应用"按钮，为实例应用预设。

（17）选中"价位"图层的第90帧，按F5键，插入普通帧。小风扇广告效果制作完成，按Ctrl+Enter组合键即可查看效果，如图5-192所示。

图5-190　　　　　图5-191　　　　　图5-192

5.3.2　预览动画预设

Animate CC 2019的每个动画预设都包括预览，用户可在"动画预设"面板中查看其预览。对于用户创建或导入的自定义预设，可以添加自己的预览。

选择"窗口 > 动画预设"命令，弹出"动画预设"面板，如图5-193所示。单击"默认预设"文件夹前面的箭头图标，展开"默认预设"选项。选择其中一个默认的预设选项，即可预览默认动画预设，如图5-194所示。要停止预览播放，在"动画预设"面板外单击即可。

图 5-193　　　　　　　　　　　　　　图 5-194

5.3.3　应用动画预设

在舞台上选中可补间的对象（元件实例或文本字段）后，可单击"应用"按钮来应用预设。每个对象只能应用一个预设。如果将第 2 个预设应用于相同的对象，则第 2 个预设将替换第 1 个预设。

一旦将预设应用于舞台上的对象后，在时间轴中创建的补间就不再与"动画预设"面板有任何关系了。在"动画预设"面板中删除或重命名某个预设对以前使用该预设创建的所有补间没有任何影响。如果在面板中的现有预设上保存新预设，它对使用原始预设创建的任何补间都没有影响。

每个动画预设都包含特定数量的帧。在应用预设时，在时间轴中创建的补间范围将包含此数量的帧。如果目标对象已应用了不同长度的补间，补间范围将进行调整，以符合动画预设的长度。可在应用预设后调整时间轴中补间范围的长度。

包含 3D 动画的动画预设只能应用于影片剪辑实例。已补间的 3D 属性不适用于图形或按钮元件，也不适用于文本字段。可以将 2D 或 3D 动画预设应用于任何 2D 或 3D 影片剪辑。

 提示　　如果动画预设对 3D 影片剪辑的 Z 轴位置进行了动画处理，则该影片剪辑在显示时也会改变其 X 和 Y 位置。这是因为，Z 轴上的移动是沿着从 3D 消失点（在 3D 元件实例属性检查器中设置）辐射到舞台边缘的不可见透视线执行的。

选择"文件 > 打开"命令，在弹出的"打开"对话框中，选择云盘中的"基础素材 > Ch05 > 08"文件，单击"打开"按钮，打开文件，效果如图 5-195 所示。

在"时间轴"面板中创建新图层并将其命名为"足球"。将"库"面板中的图形元件"足球"拖曳到舞台窗口中，并放置在适当的位置，如图 5-196 所示。

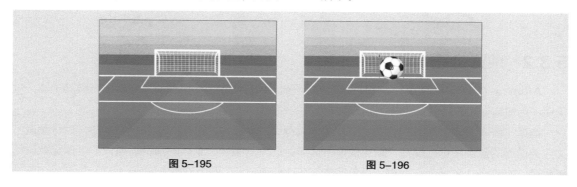

图 5-195　　　　　　　　　　　　　　图 5-196

选择"窗口 > 动画预设"命令，弹出"动画预设"面板，如图 5-197 所示。单击"默认预设"文件夹前面的箭头图标，展开"默认预设"选项，如图 5-198 所示。

在舞台窗口中选择"足球"实例，在"动画预设"面板中选择"多次跳跃"选项，如图 5-199 所示。

| 图 5-197 | 图 5-198 | 图 5-199 |

单击"动作预设"面板右下角的"应用"按钮，为"足球"实例添加动画预设。舞台窗口中的效果如图 5-200 所示，"时间轴"面板的效果如图 5-201 所示。

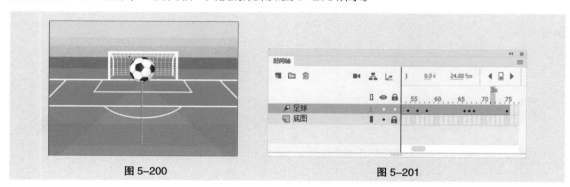

图 5-200   图 5-201

选中"底图"图层的第 75 帧，按 F5 键，插入普通帧，如图 5-202 所示。

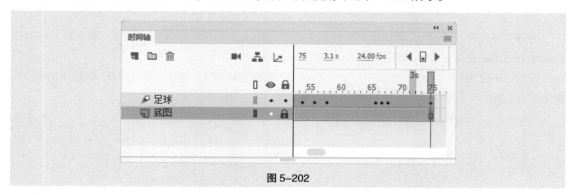

图 5-202

按 Ctrl+Enter 组合键，测试动画效果，可看到在动画中足球自上而下多次跳跃。

5.3.4 将补间另存为自定义动画预设

如果用户想对自己创建的补间，或对从"动画预设"面板应用的补间进行更改，可将它另存为新的动画预设。新预设将显示在"动画预设"面板中的"自定义预设"文件夹中。

选择"基本椭圆"工具 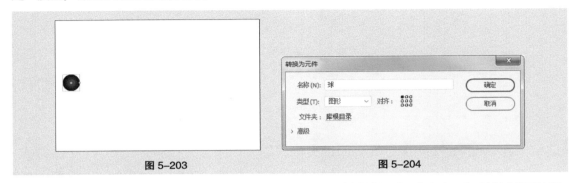，在工具箱中，将"笔触颜色"设为无，"填充颜色"设为渐变色。在舞台窗口中绘制一个圆形，如图 5-203 所示。

选择"选择"工具 ▶，在舞台窗口中选中圆形，按 F8 键，弹出"转换为元件"对话框，在"名称"项的文本框中输入"球"，在"类型"选项的下拉列表中选择"图形"，如图 5-204 所示单击"确定"按钮，将圆形转换为图形元件。

图 5-203　　　　　　　　　　　　　图 5-204

用鼠标右键单击"球"实例，在弹出的快捷菜单中选择"创建补间动画"命令，生成补间动画效果，"时间轴"面板如图 5-205 所示。在舞台窗口中，将"球"实例向右拖曳到适当的位置，如图 5-206 所示。

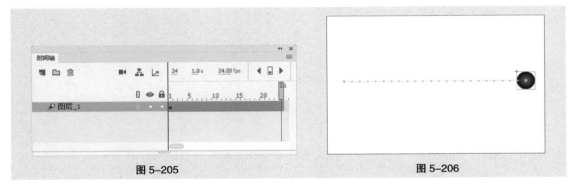

图 5-205　　　　　　　　　　　　　图 5-206

选择"选择"工具 ▶，将鼠标指针放置在运动路线上，当鼠标指针变为 时，单击向上拖曳运动路线到适当的位置，将运动路线调为弧线，效果如图 5-207 所示。

在"时间轴"面板中单击"图层_1"，将该层中的所有补间选中。单击"动画预设"面板下方的"将选区另存为预设"按钮，弹出"将预设另存为"对话框，如图 5-208 所示。

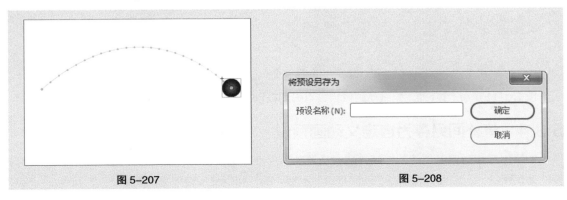

图 5-207　　　　　　　　　　　　　图 5-208

在"预设名称"项的文本框中输入一个名称,如图5-209所示。单击"确定"按钮,另存为预设效果完成,"动画预设"面板如图5-210所示。

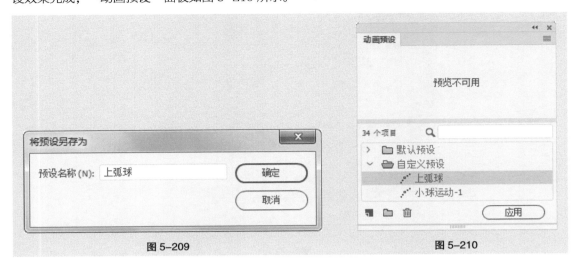

图 5-209   图 5-210

 提 示　　　动画预设只能包含补间动画。传统补间不能保存为动画预设。用户自定义的动画预设存储在"自定义预设"文件夹中。

5.3.5　导入和导出动画预设

在 Animate CC 2019 中除了使用默认动画预设和自定义动画预设外,还可以通过导入和导出的方式添加动画预设。

1. 导入动画预设

动画预设存储为 XML 文件,导入 XML 补间文件可将其添加到"动画预设"面板。

单击"动画预设"面板右上角的选项按钮 ,在弹出的菜单中选择"导入"命令,如图5-211所示。在弹出的"导入动画预设"对话框中选择要导入的文件"123.xml",如图5-212所示。

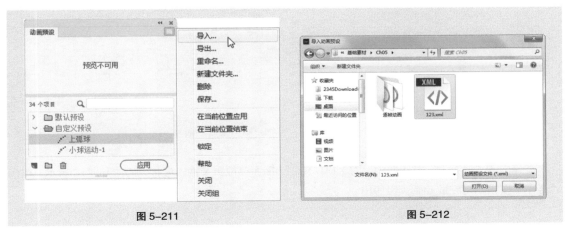

图 5-211   图 5-212

单击"打开"按钮，123.xml 预设会被导入到"动画预设"面板中，如图 5-213 所示。

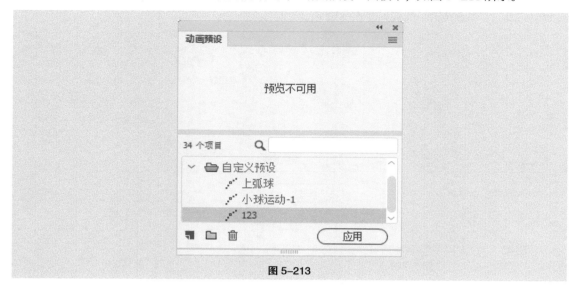

图 5-213

2. 导出动画预设

在 Animate CC 2019 中除了导入动画预设外，还可以将制作好的动画预设导出为 XML 文件，以便与其他 Animate 用户共享。

在"动画预设"面板中选择需要导出的预设，如图 5-214 所示。单击"动画预设"面板右上角的选项按钮 ≡，在弹出的菜单中选择"导出"命令，如图 5-215 所示。

图 5-214   图 5-215

在弹出的"另存为"对话框中，为 XML 文件选择保存位置及输入名称，如图 5-216 所示，单击"保存"按钮即可完成动画预设导出。

图 5-216

5.3.6 删除动画预设

可以从"动画预设"面板中删除预设。在删除预设时，Animate 将从磁盘中删除其 XML 文件，因此在删除时应考虑制作以后再次使用的预设的备份，方法是先导出这些预设的副本。

在"动画预设"面板中选择需要删除的预设，如图 5-217 所示。单击面板下方的"删除项目"按钮 ，系统将会弹出"删除预设"对话框，如图 5-218 所示。单击"删除"按钮，即可将选中的预设删除。

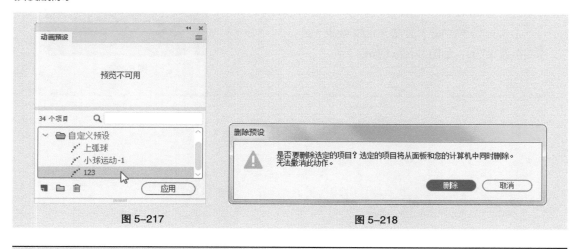

图 5-217   图 5-218

提示

在删除预设时，"默认预设"文件夹中的预设是删除不掉的。

5.4 课堂练习——制作弹跳动画

【练习知识要点】使用文本工具，输入广告语；使用"创建传统补间"命令，制作传统补间动画；使用"属性"面板，改变实例图形的不透明度。

【效果所在位置】云盘 /Ch05/ 效果 / 制作弹跳动画 .fla，如图 5-219 所示。

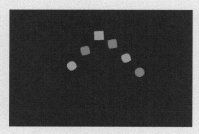

扫码观看
本案例视频

图 5-219

5.5 课后习题——制作变色效果

【习题知识要点】使用"导入"命令，导入素材文件；使用"新建元件"命令，制作图形元件；使用"属性"面板，改变文字的颜色。

【素材所在位置】云盘 /Ch05/ 素材 / 制作变色效果 /01~04。

【效果所在位置】云盘 /Ch05/ 效果 / 制作变色效果 .fla，如图 5-220 所示。

扫码观看
本案例视频

图 5-220

06

第 6 章

高级动画

▶ **本章介绍**

　　层在 Animate 中有着举足轻重的作用。只有掌握层的概念和熟练应用不同性质的层，才有可能真正成为 Animate 高手。本章将详细介绍层的应用技巧，以及如何使用不同性质的层来制作高级动画。读者通过学习，可了解并掌握层的强大功能，并能充分利用层来为自己的动画设计作品增光添彩。

学习目标

● 掌握层的基本操作。

● 掌握普通引导层动画和运动引导层动画的制作方法。

● 掌握遮罩层的使用方法和应用技巧。

● 熟练运用"分散到图层"功能编辑对象。

● 了解场景动画的创建和编辑方法。

技能目标

● 掌握"飘落的叶子动画"的制作方法和技巧。

● 掌握"电饭煲广告动画"的制作方法和技巧。

慕课视频

高级动画

6.1 引导动画

图层类似于叠在一起的一叠透明纸，下面图层中的内容可以通过上面图层中不包含内容的区域透过来。除普通图层，还有一种特殊类型的图层——引导层。在引导层中，用户可以像在其他层一样绘制各种图形和引入元件等，但最终发布时引导层中的对象不会显示出来。

6.1.1　课堂案例——制作飘落的叶子动画

【案例学习目标】使用"添加传统运动引导层"命令添加引导层。

【案例知识要点】使用"添加传统运动引导层"命令，添加引导层；使用"创建传统补间"命令，制作传统补间动画；使用铅笔工具，绘制运动路线。效果如图 6-1 所示。

【效果所在位置】云盘 /Ch06/ 效果 / 制作飘落的叶子动画 .fla。

扫码观看
本案例视频

扫码查看
扩展案例

图 6-1

1. 导入素材制作图形元件

（1）在欢迎页的"详细信息"选项组中，将"宽"项设为 1920，"高"项设为 600，"平台类型"选项的下拉列表中选择"ActionScript 3.0"选项，单击"创建"按钮，完成文档的创建。

（2）选择"文件 > 导入 > 导入到库"命令，在弹出的"导入到库"对话框中，选择云盘中的"Ch06 > 素材 > 制作飘落的叶子动画 > 01 ～ 05"文件，单击"打开"按钮，将文件导入到"库"面板中，如图 6-2 所示。

（3）按 Ctrl+F8 组合键，弹出"创建新元件"对话框，在"名称"项的文本框中输入"叶子 1"，在"类型"选项的下拉列表中选择"图形"选项。单击"确定"按钮，新建图形元件"叶子 1"，如图 6-3 所示。舞台窗口也随之转换为图形元件的舞台窗口。将"库"面板中的位图"02"拖曳到舞台窗口中，并放置在适当的位置，如图 6-4 所示。

（4）用相同的方法将"库"面板中的位图"03""04"和"05"文件，分别制作成图形元件"叶子 2""叶子 3"和"叶子 4"，如图 6-5 所示。

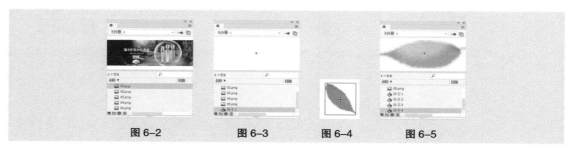

图 6-2　　　　　　图 6-3　　　　　图 6-4　　　　　图 6-5

2. 制作影片剪辑元件

（1）按 Ctrl+F8 组合键，弹出"创建新元件"对话框，在"名称"项的文本框中输入"叶子 1 动"，在"类型"选项的下拉列表中选择"影片剪辑"选项，如图 6-6 所示。单击"确定"按钮，新建影片剪辑元件"叶子 1 动"。舞台窗口也随之转换为影片剪辑元件的舞台窗口。

（2）在"图层_1"上单击鼠标右键，在弹出的快捷菜单中选择"添加传统运动引导层"命令，为"图层_1"添加运动引导层，如图 6-7 所示。

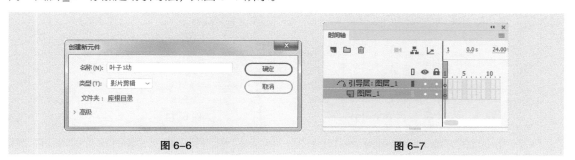

图 6-6　　　　　　　　　　　　图 6-7

（3）选择"铅笔"工具 ✐，在工具箱中将"笔触颜色"设为红色（#FF0000），单击工具箱下方的"铅笔模式"按钮，在弹出的列表中选择"平滑"选项 Ｓ。选中引导层的第 1 帧，在舞台窗口中绘制出一条曲线，如图 6-8 所示。选中引导层的第 40 帧，按 F5 键，插入普通帧，如图 6-9 所示。

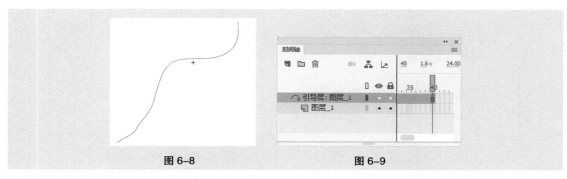

图 6-8　　　　　　　　　　　　图 6-9

（4）选中"图层_1"的第 1 帧，将"库"面板中的图形元件"叶子 1"拖曳到舞台窗口中，并将其放置在曲线上方的端点上，效果如图 6-10 所示。

（5）选中"图层_1"的第 40 帧，按 F6 键，插入关键帧，如图 6-11 所示。选择"选择"工具 ▶，在舞台窗口中将"叶子 1"实例拖曳到曲线下方的端点上，效果如图 6-12 所示。

图 6-10　　　　　　图 6-11　　　　　　图 6-12

（6）用鼠标右键单击"图层_1"的第 1 帧，在弹出的快捷菜单中选择"创建传统补间"命令，在第 1 帧和第 40 帧之间生成动作补间动画，如图 6-13 所示。在帧"属性"面板中，勾选"补间"选项组中的"调整到路径"复选框，如图 6-14 所示。

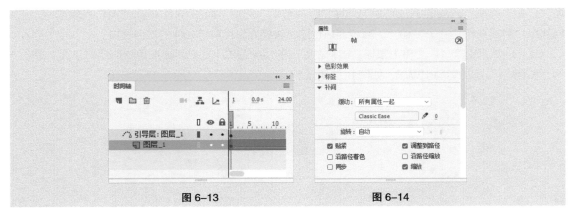

图 6-13   图 6-14

（7）用上述的方法，使用图形元件"叶子 2""叶子 3"和"叶子 4"分别制作影片剪辑元件"叶子 2 动""叶子 3 动"和"叶子 4 动"，如图 6-15 所示。

（8）按 Ctrl+F8 组合键，弹出"创建新元件"对话框，在"名称"项的文本框中输入"一起动"，在"类型"选项的下拉列表中选择"影片剪辑"选项。单击"确定"按钮，新建影片剪辑元件"一起动"，如图 6-16 所示。舞台窗口也随之转换为影片剪辑元件的舞台窗口。

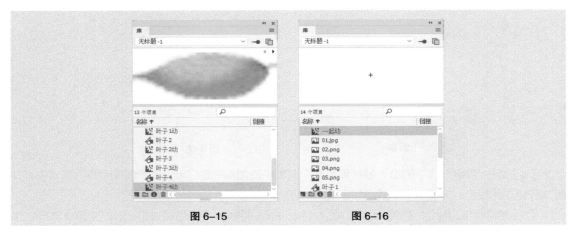

图 6-15   图 6-16

（9）分别将"库"面板中的影片剪辑元件"叶子动 1"和"叶子动 4"拖曳到舞台窗口中，并放置在适当的位置，如图 6-17 所示。选中"图层 _1"的第 40 帧，按 F5 键，插入普通帧。

图 6-17

（10）单击"时间轴"面板上方的"新建图层"按钮，新建"图层 _2"。选中"图层 _2"的第 10 帧，按 F6 键，插入关键帧。分别将"库"面板中的影片剪辑元件"叶子 2 动"和"叶子 3

动向舞台窗口中拖曳两次，并放置在适当的位置，如图 6-18 所示。选中"图层 _2"的第 50 帧，按 F5 键，插入普通帧。

图 6-18

（11）单击"时间轴"面板上方的"新建图层"按钮 ，新建"图层 _3"。选中"图层 _3"的第 20 帧，按 F6 键，插入关键帧。分别将"库"面板中的影片剪辑元件"叶子 3 动"和"叶子 1 动"拖曳到舞台窗口中，并放置在适当的位置，如图 6-19 所示。选中"图层 _3"的第 60 帧，按 F5 键，插入普通帧。

图 6-19

（12）单击"时间轴"面板上方的"新建图层"按钮 ，新建"图层 _4"。选中"图层 _4"的第 30 帧，按 F6 键，插入关键帧。将"库"面板中的影片剪辑元件"叶子 4 动"向舞台窗口中拖曳 3 次，并放置在适当的位置，如图 6-20 所示。选中"图层 _4"的第 70 帧，按 F5 键，插入普通帧。

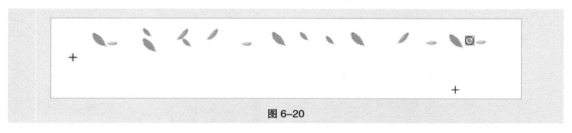

图 6-20

（13）单击舞台窗口左上方的"场景 1"图标 场景 1，进入"场景 1"的舞台窗口。将"图层 _1"重命名为"底图"。将"库"面板中的位图"01"文件拖曳到舞台窗口中，如图 6-21 所示。

（14）在"时间轴"面板中创建新图层并将其命名为"叶子"。将"库"面板中的影片剪辑元件"一起动"拖曳到舞台窗口中，并放置在适当的位置，如图 6-22 所示。

图 6-21　　　　　　　　　　　　　　　　图 6-22

（15）飘落的叶子动画制作完成，按 Ctrl+Enter 组合键即可查看效果，如图 6-23 所示。

图 6-23

6.1.2　图层的设置

1.　图层的弹出式菜单

在"时间轴"面板中用鼠标右键单击图层名称，弹出菜单，如图 6-24 所示。

"显示全部"命令：用于显示所有的隐藏图层和图层文件夹。

"锁定其他图层"命令：用于锁定除当前图层以外的所有图层。

"隐藏其他图层"命令：用于隐藏除当前图层以外的所有图层。

"显示其他透明图层"命令：用于显示除当前层以外的其他透明图层。

"插入图层"命令：用于在当前图层上创建一个新的图层。

"删除图层"命令：用于删除当前图层。

"剪切图层"命令：用于将当前图层剪切到剪切板中。

"拷贝图层"命令：用于复制当前图层。

"粘贴图层"命令：用于粘贴所复制的图层。

"复制图层"命令：用于复制当前图层并生成一个复制图层。

"合并图层"命令：用于将选中的两个或两个以上的图层合并为一个层。

"引导层"命令：用于将当前图层转换为普通引导层。

"添加传统运动引导层"命令：用于将当前图层转换为运动引导层。

图 6-24

"遮罩层"命令：用于将当前图层转换为遮罩层。

"显示遮罩"命令：用于在舞台窗口中显示遮罩效果。

"插入文件夹"命令：用于在当前图层上创建一个新的层文件夹。

"删除文件夹"命令：用于删除当前的层文件夹。

"展开文件夹"命令：用于展开当前的层文件夹，显示出其包含的图层。

"折叠文件夹"命令：用于折叠当前的层文件夹。

"展开所有文件夹"命令：用于展开"时间轴"面板中所有的层文件夹，显示出所包含的图层。

"折叠所有文件夹"命令：用于折叠"时间轴"面板中所有的层文件夹。

"属性"命令：用于设置图层的属性。

2.　创建图层

为了分门别类地组织动画内容，需要创建普通图层。选择"插入 > 时间轴 > 图层"命令，可创建一个新的图层；或在"时间轴"面板上方单击"新建图层"按钮，也可创建一个新的图层。

 系统默认状态下，新创建的图层按"图层_1""图层_2"……的顺序进行命名，用户也可以根据需要自行设定图层的名称。

3．选取图层

选取图层就是将图层变为当前图层。用户可以在当前层上放置对象、添加文本和图形以及进行编辑。要使图层成为当前图层的方法很简单，在"时间轴"面板中单击该图层即可。当前图层会在"时间轴"面板中以浅蓝色显示，如图 6-25 所示。

按住 Ctrl 键的同时，用鼠标在要选择的图层上单击，可以一次选择多个图层，如图 6-26 所示；按住 Shift 键的同时，用鼠标单击两个图层，在这两个图层中间的其他图层也会被同时选中，如图 6-27 所示。

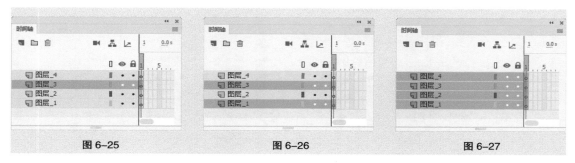

图 6-25　　　　　　　　　图 6-26　　　　　　　　　图 6-27

4．排列图层

用户可以根据需要，在"时间轴"面板中为图层重新排列顺序。

在"时间轴"面板中选中"图层_3"，如图 6-28 所示，按住鼠标不放，将"图层_3"向下拖曳，这时会出现一条实线，如图 6-29 所示，将实线拖曳到"图层_1"的下方，松开鼠标，则"图层_3"移动到"图层_1"的下方，如图 6-30 所示。

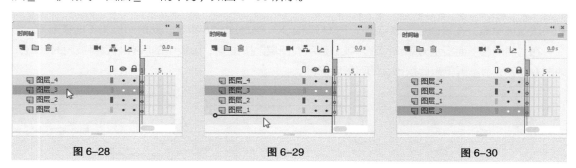

图 6-28　　　　　　　　　图 6-29　　　　　　　　　图 6-30

5．复制、粘贴图层

用户可以根据需要，将图层中的所有对象复制并粘贴到其他图层或场景中。

在"时间轴"面板中单击要复制的图层，如图 6-31 所示，选择"编辑 > 时间轴 > 复制帧"命令，进行复制。在"时间轴"面板上方单击"新建图层"按钮，创建一个新的图层，选中新的图层，如图 6-32 所示，选择"编辑 > 时间轴 > 粘贴帧"命令，即可在新建的图层中粘贴复制过的内容，如图 6-33 所示。

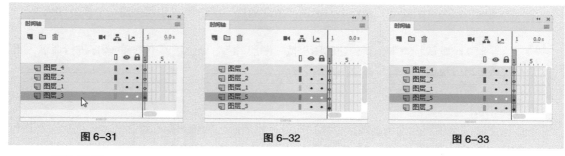

图 6-31　　　　　　　　　　图 6-32　　　　　　　　　　图 6-33

6.　删除图层

如果某个图层不再需要，可以将其进行删除。删除图层有以下两种方法：在"时间轴"面板中选中要删除的图层，在"时间轴"面板上方单击"删除"按钮 🗑 ，即可删除选中图层，如图 6-34 所示；还可在"时间轴"面板中选中要删除的图层，按住鼠标不放，将其向上拖曳，这时会出现实线，将实线拖曳到"删除"按钮 🗑 上即可删除，如图 6-35 所示。

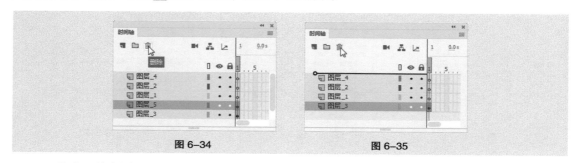

图 6-34　　　　　　　　　　　　图 6-35

7.　隐藏、锁定图层和图层的线框显示模式

（1）隐藏图层

动画经常是多个图层叠加在一起的效果，为了便于观察某个图层中对象的效果，可以把其他的图层先隐藏起来。

在"时间轴"面板中单击"显示或隐藏所有图层"按钮 👁 下方的小黑圆点，这时小黑圆点所在的图层就被隐藏，在该图层上显示出一个叉号图标 ✕ ，如图 6-36 所示。此时图层将不能被编辑。

在"时间轴"面板上方单击"显示或隐藏所有图层"按钮 👁 ，面板中的所有图层将被同时隐藏，如图 6-37 所示。再单击此按钮，即可解除隐藏。

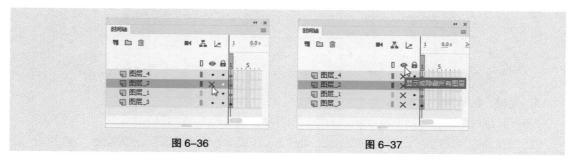

图 6-36　　　　　　　　　　　　图 6-37

（2）锁定图层

如果某个图层上的内容已符合要求，则可以锁定该图层，以避免内容被意外地更改。

在"时间轴"面板中单击"锁定或解除锁定所有图层"按钮 🔒 下方的小黑圆点，这时小黑圆点所在的图层就被锁定，在该图层上显示出一个锁状图标 🔒，如图 6-38 所示。此时图层将不能被编辑。

在"时间轴"面板中单击"锁定或解除锁定所有图层"按钮 🔒，面板中的所有图层将被同时锁定，如图 6-39 所示。再单击此按钮，即可解除锁定。

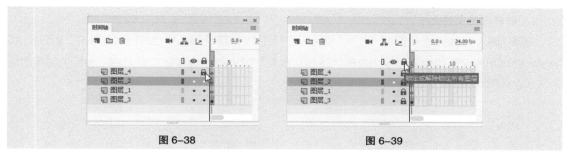

图 6-38　　　　　　　　　　　　图 6-39

（3）图层的线框显示模式

为了便于观察图层中的对象，可以将对象以线框的模式进行显示。

在"时间轴"面板中单击"将所有图层显示为轮廓"按钮 ⬜ 下方的实色正方形，这时实色正方形所在图层中的对象就呈线框模式显示，在该图层上的实色正方形变为线框图标 ⬜，如图 6-40 所示。此时并不影响编辑图层。

在"时间轴"面板中单击"将所有图层显示为轮廓"按钮 ⬜，面板中的所有图层将被同时以线框模式显示，如图 6-41 所示。再单击此按钮，即可返回到普通模式。

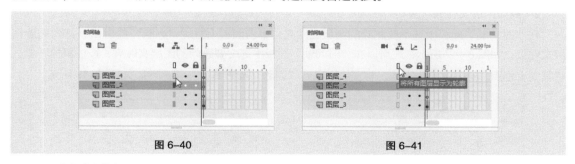

图 6-40　　　　　　　　　　　　图 6-41

8. 重命名图层

用户可以根据需要更改图层的名称。更改图层名称有以下两种方法。

（1）双击"时间轴"面板中的图层名称，名称变为可编辑状态，如图 6-42 所示。输入要更改的图层名称，如图 6-43 所示。在图层旁边单击鼠标，完成图层名称的修改，如图 6-44 所示。

图 6-42　　　　　　图 6-43　　　　　　图 6-44

（2）还可选中要修改名称的图层，选择"修改 > 时间轴 > 图层属性"命令，在弹出的"图层属性"对话框中修改图层的名称。

6.1.3 图层文件夹

在"时间轴"面板中我们可以创建图层文件夹来组织和管理图层，这样"时间轴"面板中图层的层次结构将非常清晰。

1. 创建图层文件夹

选择"插入 > 时间轴 > 图层文件夹"命令，即可在"时间轴"面板中创建图层文件夹，如图 6-45 所示；还可单击"时间轴"面板上方的"新建文件夹"按钮，也可在"时间轴"面板中创建图层文件夹，如图 6-46 所示。

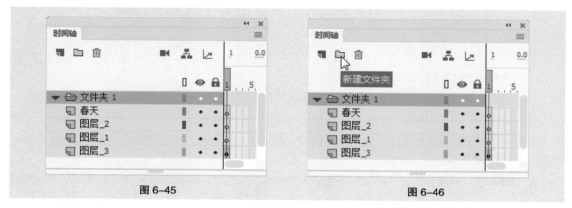

图 6-45　　　　　　　　　　　　　　图 6-46

2. 删除图层文件夹

在"时间轴"面板中选中要删除的图层文件夹，单击面板上方的"删除"按钮，即可删除图层文件夹，如图 6-47 所示；还可以在"时间轴"面板中选中要删除的图层文件夹，按住鼠标不放，将其向上拖曳，这时会出现实线，将实线拖曳到"删除"按钮上即可删除，如图 6-48 所示。

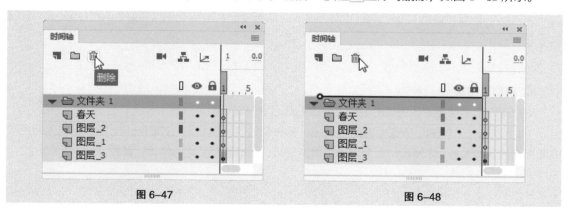

图 6-47　　　　　　　　　　　　　　图 6-48

6.1.4 普通引导层

普通引导层主要用于为其他图层提供辅助绘图和绘图定位，引导层中的图形在播放影片时是不会显示的。

1. 创建普通引导层

用鼠标右键单击"时间轴"面板中的某个图层，在弹出的菜单中选择"引导层"命令，如图 6-49 所示，该图层转换为普通引导层。此时，图层前面的图标变为，如图 6-50 所示。

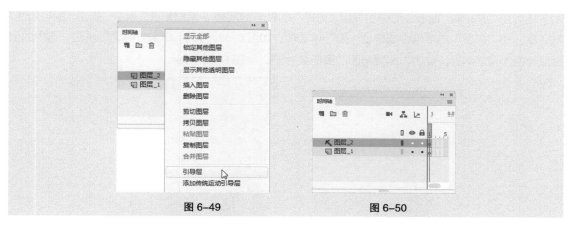

图 6-49　　　　　　　　　　　　　　图 6-50

还可在"时间轴"面板中选中要转换的图层，选择"修改 > 时间轴 > 图层属性"命令，弹出"图层属性"对话框，在"类型"选项组中选择"引导层"单选项，如图 6-51 所示。单击"确定"按钮，选中的图层转换为普通引导层。此时，图层前面的图标变为 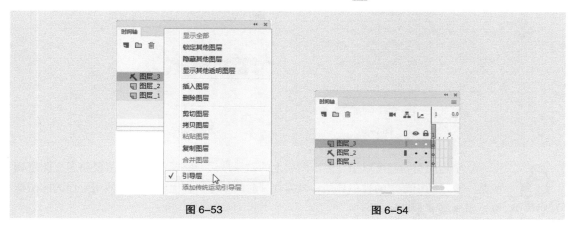，如图 6-52 所示。

图 6-51　　　　　　　　　　　　　　图 6-52

2. 将普通引导层转换为普通图层

如果要在播放影片时显示引导层上的对象，还可将引导层转换为普通图层。

用鼠标右键单击"时间轴"面板中的引导层，在弹出的快捷菜单中选择"引导层"命令，如图 6-53 所示，引导层即转换为普通图层。此时，图层前面的图标变为 图，如图 6-54 所示。

图 6-53　　　　　　　　　　　　　　图 6-54

还可在"时间轴"面板中选中引导层，选择"修改 > 时间轴 > 图层属性"命令，弹出"图层属性"对话框，在"类型"选项组中选择"一般"单选项，如图 6-55 所示。单击"确定"按钮，选中的引导层转换为普通图层。此时，图层前面的图标变为 ，如图 6-56 所示。

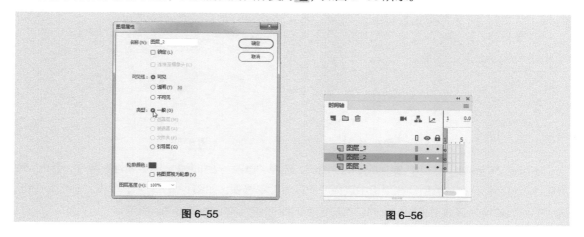

图 6-55　　　　　　　　　　图 6-56

6.1.5　运动引导层

运动引导层的作用是设置对象运动路径的导向，使与之相链接的被引导层中的对象沿着路径运动。运动引导层上的路径在播放动画时不显示。在运动引导层上还可创建多个运动轨迹，以引导被引导层上的多个对象沿不同的路径运动。要创建按照任意轨迹运动的动画就需要添加运动引导层，但创建运动引导层动画时要求必须是动作补间动画，而形状补间动画、逐帧动画不可用。

1. 创建运动引导层

用鼠标右键单击"时间轴"面板中要添加引导层的图层，在弹出的快捷菜单中选择"添加传统运动引导层"命令，如图 6-57 所示，为图层添加运动引导层。此时运动引导层前面出现图标 ，如图 6-58 所示。

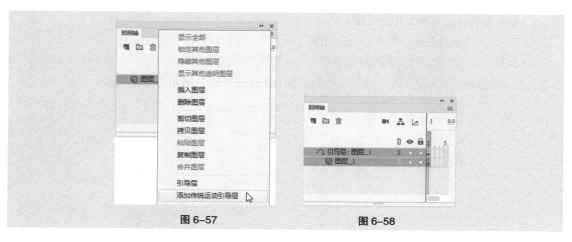

图 6-57　　　　　　　　　　图 6-58

一个运动引导层可以引导多个图层上的对象按运动路径运动。如果要将多个图层变成某一个运动引导层的被引导层，只需在"时间轴"面板上将要变成被引导层的图层拖曳至引导层下方即可。

知识提示

2．将运动引导层转换为普通图层

将运动引导层转换为普通图层的方法与普通引导层转换的方法一样，这里不再赘述。

3．应用运动引导层制作动画

选择"文件 > 打开"命令，在弹出的"打开"对话框中，选择云盘中的"基础素材 > Ch06 > 01"文件，单击"打开"按钮打开文件，如图 6-59 所示。鼠标右键单击"时间轴"面板中的"飞机"图层，在弹出的快捷菜单中选择"添加传统运动引导层"命令，为"飞机"图层添加运动引导层，如图 6-60 所示。

图 6-59   图 6-60

选择"钢笔"工具 ，在引导层的舞台窗口中绘制一条曲线，如图 6-61 所示。选择"引导层"的第 60 帧，按 F5 键，插入普通帧。用相同的方法在"底图"图层的第 60 帧上插入普通帧，如图 6-62 所示。

图 6-61   图 6-62

选中"飞机"图层的第 1 帧，将"库"面板中的图形元件"飞机"拖曳到舞台窗口中，放置在曲线的右端点上，如图 6-63 所示。选择"任意变形"工具图标，旋转"飞机"实例的角度与引导线一致，如图 6-64 所示。

选中"飞机"图层的第 60 帧，按 F6 键，插入关键帧。将舞台窗口中的"飞机"实例拖曳到曲线的左端点，如图 6-65 所示。

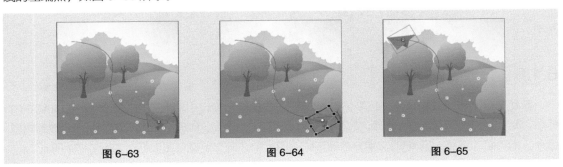

图 6-63   图 6-64   图 6-65

用鼠标右键单击"飞机"图层的第1帧,在弹出的快捷菜单中选择"创建传统补间"命令,如图6-66所示。在"飞机"图层中,第1帧和第60帧之间生成动作补间动画。在帧"属性"面板的"补间"选项组中,勾选"调整到路径"复选框,如图6-67所示。运动引导层动画制作完成。

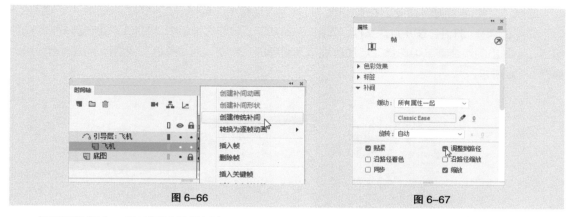

图 6-66   图 6-67

在不同的帧中,动画显示的效果如图6-68所示。按Ctrl+Enter组合键,测试动画效果,在实际动画中,曲线将不显示。

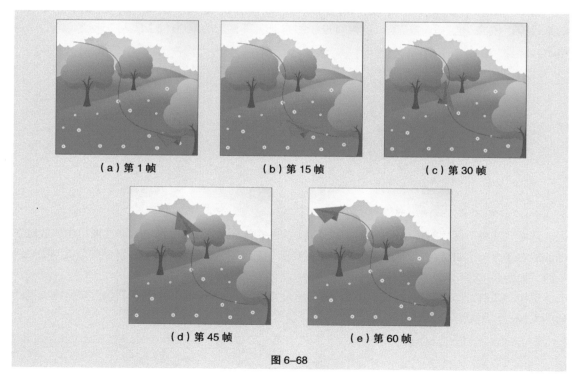

（a）第1帧   （b）第15帧   （c）第30帧

（d）第45帧   （e）第60帧

图 6-68

6.1.6　分散到图层

新建空白文档,选择"文本"工具 T,在"图层_1"的舞台窗口中输入英文"Animate",如图6-69所示。选中文字,按Ctrl+B组合键,将文字打散,如图6-70所示。选择"修改 > 时间轴 > 分散到图层"命令,即可将"图层_1"中的文字分散到不同的图层中并按文字设定图层名,如图6-71所示。

图 6-69　　　　　　　　　　图 6-70　　　　　　　　　　图 6-71

知识提示

将文字分散到不同的图层中后，"图层_1"中将没有任何对象。

6.2　遮罩层与遮罩的动画制作

遮罩层就像一块不透明的板，如果要看到它下面的图像，只能在板上挖"洞"，而遮罩层中有对象的地方就可看成是"洞"，通过这个"洞"，被遮罩层中的对象就会显示出来。

6.2.1　课堂案例——制作电饭煲广告动画

【案例学习目标】使用"遮罩层"命令制作遮罩动画。

【案例知识要点】使用椭圆工具，绘制椭圆；使用"创建补间形状"命令和"创建传统补间"命令，制作动画效果；使用"遮罩层"命令，制作遮罩动画效果。效果如图 6-72 所示。

【效果所在位置】云盘 /Ch06/ 效果 / 制作电饭煲广告动画 .fla。

图 6-72

1. 导入素材制作图形元件

（1）选择"文件 > 新建"命令，弹出"新建文档"对话框，在"常规"选项卡中选择"Action-Script 3.0"选项，将"宽"项设为 800，"高"项设为 800，单击"确定"按钮，完成文档的创建。按 Ctrl+J 组合键，弹出"文档设置"对话框，将"舞台颜色"设为黄色（#FFCC00），单击"确定"按钮，完成舞台颜色的修改。

（2）选择"文件 > 导入 > 导入到库"命令，在弹出的"导入到库"对话框中，选择云盘中的"Ch06 > 素材 > 制作电饭煲广告动画 > 01 ~ 04"文件，单击"打开"按钮，将文件导入到"库"面板中，如图 6-73 所示。

（3）按Ctrl+F8组合键，弹出"创建新元件"对话框，在"名称"项的文本框中输入"电饭煲"，在"类型"选项的下拉列表中选择"图形"选项。单击"确定"按钮，新建图形元件"电饭煲"，如图6-74所示。舞台窗口也随之转换为图形元件的舞台窗口。将"库"面板中的位图"02"拖曳到舞台窗口中，并放置在适当的位置，如图6-75所示。

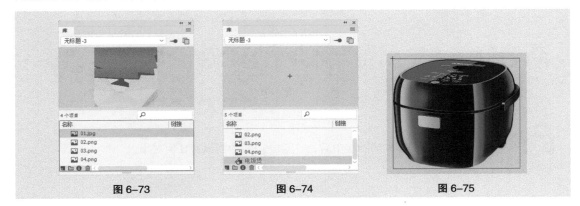

图6-73　　　　　　　图6-74　　　　　　　图6-75

（4）新建图形元件"装饰1"，如图6-76所示，舞台窗口也随之转换为图形元件"装饰1"的舞台窗口。将"库"面板中的位图"03"拖曳到舞台窗口中，并放置在适当的位置，如图6-77所示。

图6-76　　　　　　　　　　图6-77

2. 制作场景动画

（1）单击舞台窗口左上方的"场景1"图标 场景1，进入"场景1"的舞台窗口。将"图层_1"重命名为"底图"，如图6-78所示。将"库"面板中的位图"01"文件拖曳到舞台窗口中，如图6-79所示。选中"底图"图层的第90帧，按F5键，插入普通帧。

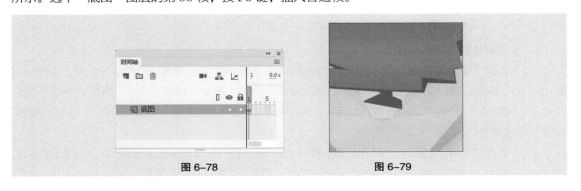

图6-78　　　　　　　　　　图6-79

（2）在"时间轴"面板中创建新图层并将其命名为"电饭煲"。将"库"面板中的图形元件"电饭煲"拖曳到舞台窗口中，并放置在适当的位置，如图 6-80 所示。

（3）选中"电饭煲"图层的第 10 帧，按 F6 键，插入关键帧。选中"电饭煲"图层的第 1 帧，在舞台窗口中选中"电饭煲"实例，在图形"属性"面板中，选择"色彩效果"选项组，在"样式"选项下拉列表中选择"Alpha"选项，将"Alpha 数量"设为 0，如图 6-81 所示。舞台窗口中效果如图 6-82 所示。

图 6-80　　　　　　　　　　　图 6-81　　　　　　　　　　　图 6-82

（4）用鼠标右键单击"电饭煲"图层的第 1 帧，在弹出的快捷菜单中选择"创建传统补间"命令，生成传统补间动画。

（5）在"时间轴"面板中创建新图层并将其命名为"遮罩 1"。选择"椭圆"工具 ，在工具箱中将"笔触颜色"设为无，"填充颜色"设为白色，单击工具箱下方的"对象绘制"按钮 。按住 Shift 键的同时，在舞台窗口中绘制一个圆形，如图 6-83 所示。

（6）选中"遮罩 1"图层的第 20 帧，按 F6 键，插入关键帧。选中"遮罩 1"图层的第 1 帧，按 Ctrl+T 组合键，弹出"变形"面板，将"缩放宽度"项和"缩放高度"项均设为 1，如图 6-84 所示，效果如图 6-85 所示。

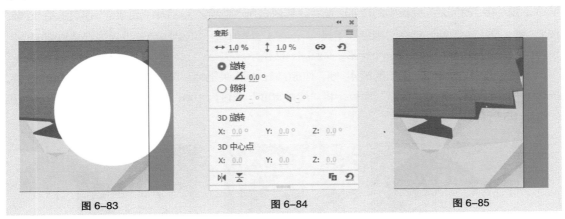

图 6-83　　　　　　　　　　　图 6-84　　　　　　　　　　　图 6-85

（7）用鼠标右键单击"遮罩 1"图层的第 1 帧，在弹出的快捷菜单中选择"创建补间形状"命令，生成形状补间动画，如图 6-86 所示。在"遮罩 1"图层上单击鼠标右键，在弹出的快捷菜单中选择"遮罩层"命令，将图层"遮罩 1"设置为遮罩的层，图层"电饭煲"为被遮罩的层，如图 6-87 所示。

图 6-86　　　　　　　　　　　　　　　　图 6-87

（8）在"时间轴"面板中创建新图层并将其命名为"装饰1"。选中"装饰1"图层的第20帧，按F6键，插入关键帧。将"库"面板中的图形元件"装饰1"拖曳到舞台窗口中，并放置在适当的位置，如图6-88所示。

（9）选中"装饰1"图层的第30帧，按F6键，插入关键帧。选中"装饰1"图层的第20帧，在舞台窗口中选中"装饰1"实例，在图形"属性"面板中，选择"色彩效果"选项组，在"样式"选项下拉列表中选择"Alpha"选项，将"Alpha数量"设为0，舞台窗口中效果如图6-89所示。

（10）用鼠标右键单击"装饰1"图层的第20帧，在弹出的快捷菜单中选择"创建传统补间"命令，生成补间动画，如图6-90所示。

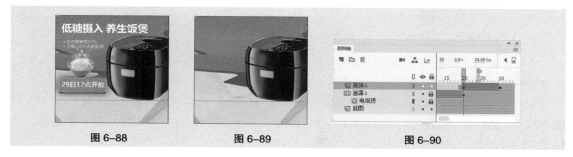

图 6-88　　　　　　　　　图 6-89　　　　　　　　　图 6-90

（11）在"时间轴"面板中创建新图层并将其命名为"装饰2"。选中"装饰2"图层的第30帧，按F6键，插入关键帧。将"库"面板中的位图"04"拖曳到舞台窗口中，并放置在适当的位置，如图6-91所示。

（12）在"时间轴"面板中创建新图层并将其命名为"遮罩2"。选中"遮罩2"图层的第30帧，按F6键，插入关键帧。选择"矩形"工具 ，在工具箱中将"笔触颜色"设为无，"填充颜色"设为白色。在舞台窗口中绘制一个矩形，如图6-92所示。

（13）选中"遮罩2"图层的第40帧，按F6键，插入关键帧。选中"遮罩2"图层的第30帧，按Ctrl+T组合键，弹出"变形"面板，将"缩放宽度"项设为100，"缩放高度"项设为1，效果如图6-93所示。

图 6-91　　　　　　　　　图 6-92　　　　　　　　　图 6-93

（14）用鼠标右键单击"遮罩2"图层的第30帧，在弹出的快捷菜单中选择"创建补间形状"命令，生成形状补间动画，如图6-94所示。在"遮罩2"图层上单击鼠标右键，在弹出的快捷菜单中选择"遮罩层"命令，将图层"遮罩2"设置为遮罩的层，图层"装饰2"为被遮罩的层，如图6-95所示。电饭煲广告动画效果制作完成，按Ctrl+Enter组合键即可查看效果。

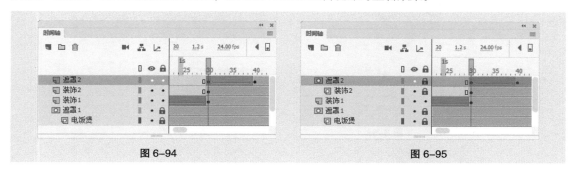

图 6-94　　　　　　　　　　　　　　　　图 6-95

6.2.2　遮罩层

1. 创建遮罩层

要创建遮罩动画首先要创建遮罩层。在"时间轴"面板中，用鼠标右键单击要转换为遮罩层的图层，在弹出的快捷菜单中选择"遮罩层"命令，如图6-96所示。选中的图层即转换为遮罩层，其下方的图层自动转换为被遮罩层，并且它们都自动被锁定，如图6-97所示。

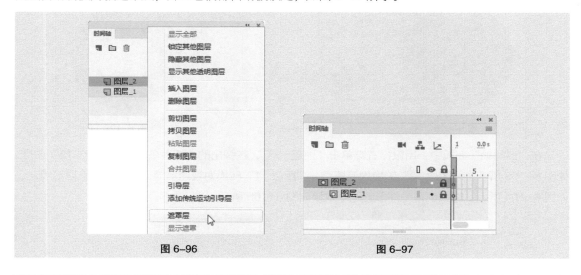

图 6-96　　　　　　　　　　　　　　　　图 6-97

知识提示　　　　如果想解除遮罩，只需单击"时间轴"面板上遮罩层或被遮罩层上的图标将其解锁即可。遮罩层中的对象可以是图形、文字、元件的实例等，但不显示位图、渐变色、透明色和线条。一个遮罩层可以作为多个图层的遮罩层，如果要将一个普通图层变为某个遮罩层的被遮罩层，只需将此图层拖曳至遮罩层下方即可。

2. 将遮罩层转换为普通图层

在"时间轴"面板中，用鼠标右键单击要转换的遮罩层，在弹出的快捷菜单中选择"遮罩层"命令，如图6-98所示，遮罩层即转换为普通图层，如图6-99所示。

图 6-98　　　　　　　　　　　　　　　　　图 6-99

6.2.3　静态遮罩动画

选择"文件 > 打开"命令，在弹出的"打开"对话框中，选择云盘中的"基础素材 > Ch06 > 02"文件，单击"打开"按钮打开文件，如图 6-100 所示。在"时间轴"面板上方单击"新建图层"按钮 ，创建新的图层"图层 _3"，如图 6-101 所示。将"库"面板中的图形元件"02"拖曳到舞台窗口中的适当位置，如图 6-102 所示。

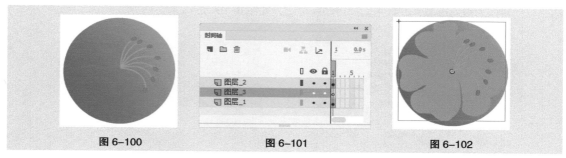

图 6-100　　　　　　　　　　图 6-101　　　　　　　　　　图 6-102

在"时间轴"面板中，用鼠标右键单击"图层 _3"，在弹出的快捷菜单中选择"遮罩层"命令，如图 6-103 所示。"图层 _3"转换为遮罩层，"图层 _1"转换为被遮罩层，两个图层被自动锁定，如图 6-104 所示。舞台窗口中图形的遮罩效果如图 6-105 所示。

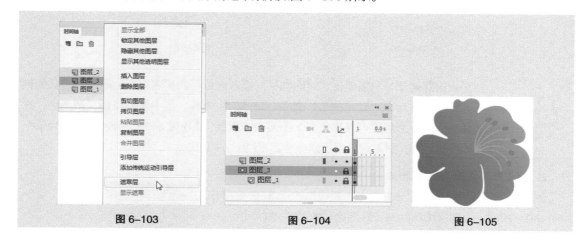

图 6-103　　　　　　　　　　图 6-104　　　　　　　　　　图 6-105

6.2.4　动态遮罩动画

（1）选择"文件 > 打开"命令，在弹出的"打开"对话框中，选择"基础素材 > Ch06 > 03"
文件，单击"打开"按钮打开文件，如图 6-106 所示。在"时间轴"面板中创建新图层并将其命名为"剪
影"，如图 6-107 所示。

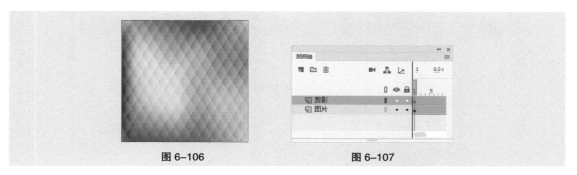

图 6-106　　　　　　　　　　　　图 6-107

（2）选中"剪影"图层的第 1 帧，将"库"面板中的图形元件"02"拖曳到舞台窗口中，并放
置在适当的位置，如图 6-108 所示。选中"剪影"图层的第 40 帧，按 F6 键，插入关键帧。在舞台
窗口中将"剪影"实例水平向左拖曳到适当的位置，如图 6-109 所示。

（3）用鼠标右键单击"剪影"图层的第 1 帧，在弹出的快捷菜单中选择"创建传统补间"命令，
生成传统补间动画，如图 6-110 所示。

图 6-108　　　　　　　图 6-109　　　　　　　图 6-110

（4）用鼠标右键单击"剪影"图层的名称，在弹出的快捷菜单中选择"遮罩层"命令，如图 6-111
所示，"剪影"图层转换为遮罩层，"图片"图层转换为被遮罩层，如图 6-112 所示。动态遮罩动
画制作完成，按 Ctrl+Enter 组合键测试动画效果。

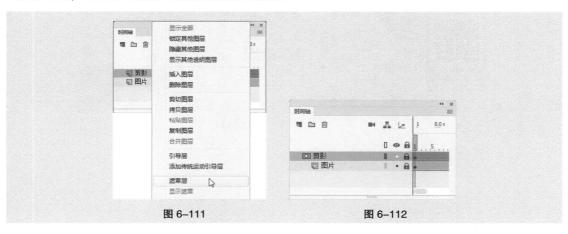

图 6-111　　　　　　　　　　　　图 6-112

在不同的帧中，动画显示的效果如图 6-113 所示。

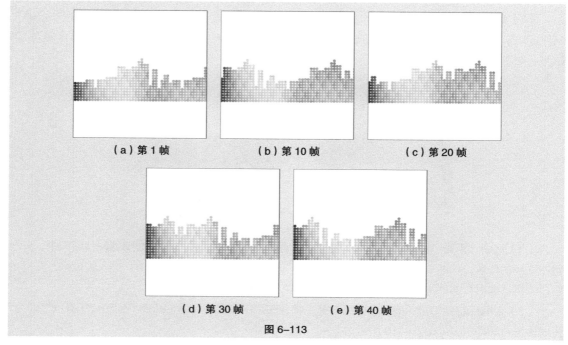

（a）第1帧　　　　　　　　　（b）第10帧　　　　　　　　　（c）第20帧

（d）第30帧　　　　　　　　　（e）第40帧

图 6-113

6.3　课堂练习——制作服装饰品类促销动画

【练习知识要点】使用"添加传统运动引导层"命令，添加引导层；使用铅笔工具，绘制曲线条；使用"创建传统补间"命令，制作花瓣飘落动画效果。

【素材所在位置】云盘 /Ch06/ 素材 / 制作服装饰品类促销动画 /01 ~ 06。

【效果所在位置】云盘 /Ch06/ 效果 / 制作服装饰品类促销动画 .fla，如图 6-114 所示。

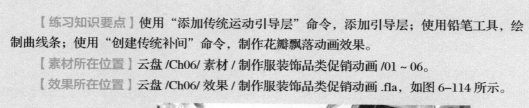

扫码观看本案例视频

图 6-114

6.4 课后习题——制作手表广告动画

【习题知识要点】使用矩形工具，绘制矩形块；使用"创建形状补间"命令，制作形状动画效果；使用"遮罩层"命令，制作遮罩动画效果。

【素材所在位置】云盘 /Ch06/ 素材 / 制作手表广告动画 /01 ~ 03。

【效果所在位置】云盘 /Ch06/ 效果 / 制作手表广告动画 .fla，如图 6–115 所示。

图 6–115

07

第 7 章
动作脚本

▶ **本章介绍**

在 Animate CC 2019 中，要实现一些复杂多变的动画效果，就要用到动作脚本。用户可以通过输入不同的动作脚本来实现高难度的动画效果。本章将介绍动作脚本的基本术语和使用方法。读者通过学习，应了解并掌握如何应用不同的动作脚本来实现千变万化的动画效果。

学习目标

● 了解数据类型。
● 掌握语法规则。
● 掌握变量和函数。
● 掌握表达式和运算符。

技能目标

● 掌握"时尚女孩相册"的制作方法和技巧。
● 掌握"闹钟广告动画"的制作方法和技巧。

慕课视频

动作脚本

7.1 "动作"面板

"动作"面板用于组织动作脚本，用户可以从动作列表中选择语句，也可以自行编辑语句。

7.1.1 课堂案例——制作时尚女孩相册

【案例学习目标】使用"动作"面板添加脚本语言。

【案例知识要点】使用"新建元件"命令，创建图形元件和按钮元件；使用"属性"面板，调整实例的透明度；使用"动作"面板，添加动作脚本。效果如图 7-1 所示。

【效果所在位置】云盘 /Ch07/ 效果 / 制作时尚女孩相册 .fla。

图 7-1

1. 导入素材制作图形元件和按钮元件

（1）在欢迎页的"详细信息"选项组中，将"宽"项设为 1000，"高"项设为 500，"平台类型"选项的下拉列表中选择"ActionScript 3.0"选项，单击"创建"按钮，完成文档的创建。按 Ctrl+J 组合键，弹出"文档设置"对话框，将"舞台颜色"设为黄色（#FFCC00），单击"确定"按钮，完成舞台颜色的修改。

（2）选择"文件 > 导入 > 导入到库"命令，在弹出的"导入到库"对话框中，选择云盘中的"Ch07 > 素材 > 制作时尚女孩相册 > 01 ~ 15"文件，单击"打开"按钮，文件被导入到"库"面板中，如图 7-2 所示。

（3）按 Ctrl+F8 组合键，弹出"创建新元件"对话框，在"名称"项的文本框中输入"照片 1"，在"类型"选项的下拉列表中选择"图形"选项。单击"确定"按钮，新建图形元件"照片 1"，如图 7-3 所示。舞台窗口也随之转换为图形元件的舞台窗口。将"库"面板中的位图"03"拖曳到舞台窗口中，并放置在适当的位置，如图 7-4 所示。

图 7-2 　　　　　　　　　　　图 7-3 　　　　　　　　　　　图 7-4

（4）用相同的方法将"库"面板中的位图"04""05""06""07""08"文件，分别制作成图形元件"照片2""照片3""照片4""照片5"和"照片6"，如图7-5所示。

（5）按Ctrl+F8组合键，弹出"创建新元件"对话框，在"名称"项的文本框中输入"按钮1"，在"类型"选项的下拉列表中选择"按钮"选项。单击"确定"按钮，新建按钮元件"按钮1"，如图7-6所示。舞台窗口也随之转换为按钮元件的舞台窗口。将"库"面板中的图形元件"照片1"拖曳到舞台窗口中，并放置在适当的位置，如图7-7所示。

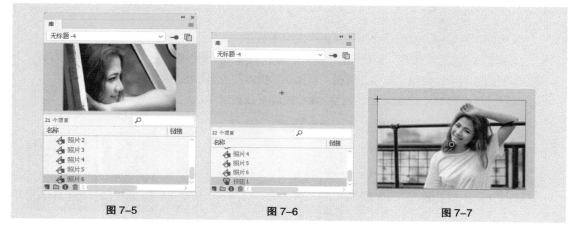

图7-5　　　　　　　　　图7-6　　　　　　　　　图7-7

（6）选中"图层_1"的"指针经过"帧，按F6键，插入关键帧。选中"图层_1"的"弹起"帧，在舞台窗口中选中"照片1"实例，在图形"属性"面板中，选择"色彩效果"选项组，在"样式"选项下拉列表中选择"Alpha"选项，将"Alpha数量"设为50，如图7-8所示。舞台窗口中的效果如图7-9所示。

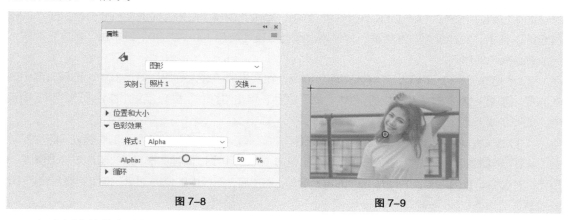

图7-8　　　　　　　　　　　图7-9

（7）用上述的方法将"库"面板中的图形元件"照片2""照片3""照片4""照片5"和"照片6"，分别制作成按钮元件"按钮2""按钮3""按钮4""按钮5"和"按钮6"，如图7-10所示。

（8）在"库"面板中双击按钮元件"按钮5"进入到舞台窗口中。单击"时间轴"面板上方的"新建图层"按钮，新建"图层_2"。选择"矩形"工具，在工具箱中将"笔触颜色"设为无，"填充颜色"设为白色，单击工具箱下方的"对象绘制"按钮。在舞台窗口中绘制一个矩形，如图7-11所示。

（9）选择"选择"工具，在舞台窗口中选中矩形，在绘制对象"属性"面板中，将"宽"

项设为 260，"高"项设为 167，"X"项设为 9.6，"Y"项设为 17.3，效果如图 7-12 所示。

图 7-10   图 7-11   图 7-12

（10）保持矩形的选取状态，按 Ctrl+T 组合键，弹出"变形"面板，将"旋转"项设为 -8，如图
7-13 所示，效果如图 7-14 所示。在"时间轴"面板中将"图层_2"拖曳到"图层_1"的下方，如图
7-15 所示。

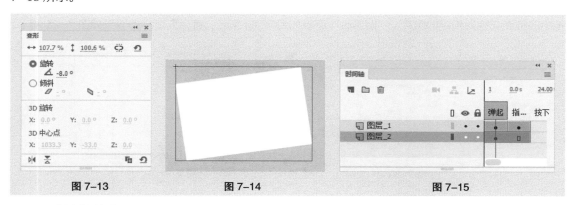

图 7-13   图 7-14   图 7-15

2．制作场景动画

（1）单击舞台窗口左上方的"场景 1"图标 场景 1，进入"场景 1"的舞台窗口。将"图层
_1"重命名为"底图"。将"库"面板中的位图"01"文件拖曳到舞台窗口的中心位置，如图 7-16
所示。选中"底图"图层的第 6 帧，按 F5 键，插入普通帧。

（2）在"时间轴"面板中创建新图层并将其命名为"边框"。将"库"面板中的位图"02"拖
曳到舞台窗口中，并放置在适当的位置，如图 7-17 所示。

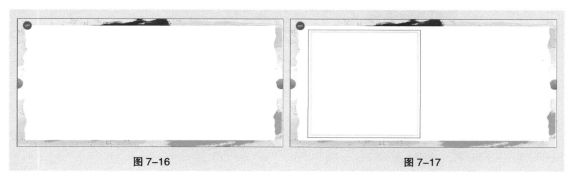

图 7-16   图 7-17

（3）在"时间轴"面板中创建新图层并将其命名为"照片"。将"库"面板中的位图"09"拖曳到舞台窗口中，并放置在适当的位置，如图 7-18 所示。

（4）选中"照片"图层的第 2 帧，按 F6 键，插入关键帧。在舞台窗口中选中"09"文件，在位图"属性"面板中，单击"交换"按钮，在弹出的"交换位图"对话框中选择"10"文件，如图 7-19 所示。

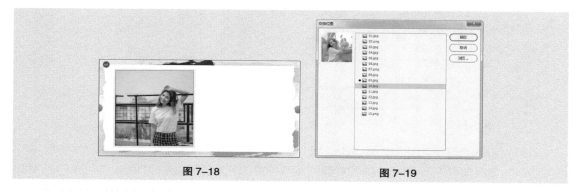

图 7-18   图 7-19

（5）用相同的方法在"照片"图层的第 3 帧、第 4 帧、第 5 帧、第 6 帧插入关键帧，并分别将帧中的位图交换为相应的图片，"时间轴"面板如图 7-20 所示，舞台窗口中的效果如图 7-21 所示。

图 7-20   图 7-21

（6）在"时间轴"面板中创建新图层并将其命名为"按钮"。分别将"库"面板中的按钮元件"按钮 1""按钮 2""按钮 3""按钮 4""按钮 5"和"按钮 6"拖曳到舞台窗口中，并放置在适当的位置，如图 7-22 所示。

（7）在舞台窗口中选中"按钮 1"实例，在实例"属性"面板中的"实例名称"文本框中输入"a"，如图 7-23 所示。

图 7-22   图 7-23

（8）用相同的方法为"按钮 2"实例、"按钮 3"实例、"按钮 4"实例、"按钮 5"实例和"按钮 6"实例进行命名，分别命名为"b""c""d""e"和"f"。

（9）在"时间轴"面板中创建新图层并将其命名为"装饰"。将"库"面板中的位图"15"拖曳到舞台窗口中，并放置在适当的位置，如图 7-24 所示。

（10）在"时间轴"面板中创建新图层并将其命名为"动作脚本"。选中"动作脚本"图层的第 1 帧，选择"窗口 > 动作"命令，弹出"动作"面板（其快捷键为 F9 键）。在"动作"面板中设置脚本语言，"脚本窗口"中显示的效果如图 7-25 所示。时尚女孩相册制作完成，按 Ctrl+Enter 组合键即可查看效果。

图 7-24　　　　　　　　　　图 7-25

7.1.2　动作脚本中的术语

Animate CC 2019 既可以制作出生动的矢量动画，又可以利用脚本编写语言对动画进行编程，从而实现多种特殊效果。Animate CC 2019 使用了动作脚本 3.0，其功能更为强大。脚本可以由单一的动作组成，如设置动画播放、停止的语言；也可以由复杂的动作组成，如设置先计算条件再执行动作。

动作脚本使用自己的术语，下面我们来介绍常用的术语。

（1）Actions（动作）：用于控制影片播放的语句。例如，gotoAndPlay（转到指定帧并播放）动作将会播放动画的指定帧。

（2）Arguments（参数）：用于向函数传递值的占位符。例如，

Function display(text1, text2) {

displayText=text1+"my baby"+ text2

}

（3）Classes（类）：用于定义新的对象类型。若要定义类，必须在外部脚本文件中使用 Class 关键字，而不是在"动作"面板编写的脚本中使用此关键字。

（4）Constants（常量）：是个不变的元素。例如，常数 Key.TAB 的含义始终是不变，它代表 Tab 键。

（5）Constructors（构造函数）：用于定义一个类的属性和方法。根据定义，构造函数是类定义中与类同名的函数。例如，以下代码定义了一个 Circle 类并实现一个构造函数。

// 文件 Circle.as

class Circle {

　　private var radius: Number

　　private var circumference: Number

```
// 构造函数
    function Circle(radius:Number){
    circumference = 2 * Math.PI * radius;
    }}
```

（6）Data types（数据类型）：用于描述变量或动作脚本元素可以包含的信息种类，包括字符串、数字、布尔值、对象、影片剪辑等。

（7）Events（事件）：是在动画播放时发生的动作。例如，单击按钮事件、按下键盘事件、动画进入下一帧事件等。

（8）Expressions（表达式）：具有确定值的数据类型的任意合法组合，由运算符和操作数组成。例如，在表达式 $x + 2$ 中，x 和 2 是操作数，而 + 是运算符。

（9）Functions（函数）：是可重复使用的代码块，它可以接受参数并能返回结果。

（10）Handler（事件处理函数）：是用来处理事件发生，管理如 mouseDown 或 load 等事件的特殊函数。

（11）Identifiers（标识符）：用于标识一个变量、属性、对象、函数或方法。标识符的第一个字母必须是字母、下画线或者美元符号（$），随后的字符必须是字母、数字、下画线或者美元符号。

（12）Instances（实例）：是一个类初始化的对象。每一个类的实例都包含这个类中的所有属性和方法。

（13）Instance Names（实例名称）：脚本中用于表示影片剪辑实例和按钮实例的唯一名称。可以应用"属性"面板为舞台上的实例指定实例名称。

例如，库中的主元件可以名为 counter，而 SWF 文件中该元件的两个实例可以使用实例名称 scorePlayer1_mc 和 scorePlayer2_mc。下面的代码用实例名称设置每个影片剪辑实例中名为 score 的变量。

```
_root.scorePlayer1_mc.score += 1;
_root.scorePlayer2_mc.score -= 1;
```

（14）Keywords（关键字）：是具有特殊意义的保留字。例如，var 是用于声明本地变量的关键字。不能使用关键字作为标识符，例如，var 不是合法的变量名。

（15）Methods（方法）：是与类关联的函数。例如，getBytesLoaded( ) 是与 MovieClip 类关联的内置方法。也可以为基于内置类的对象或为基于创建类的对象创建充当方法的函数，例如，在以下代码中，clear( ) 成为先前定义的 controller 对象的方法。

```
function reset( ){
 this.x_pos = 0;
 this.y_pos = 0;
}
controller.clear = reset;
controller.clear( );
```

（16）Objects（对象）：是一些属性的集合。每一个对象都有自己的名称，并且都是特定类的实例。

（17）Operators（运算符）：通过一个或多个值计算新值。例如，加法运算符（+）可以将两个或更多个值相加到一起，从而产生一个新值。运算符处理的值称为操作数。

（18）Target Paths（目标路径）：指动画文件中，影片剪辑实例名称、变量和对象的分层结构地址。可以在"属性"面板中为影片剪辑对象命名。主时间轴的名称在默认状态下为 _root。可以使用目标路径控制影片剪辑对象的动作，或者得到和设置某一个变量的值。

例如，下面的语句是指向影片剪辑 stereoControl 内的变量 volume 的目标路径。

_root.stereoControl.volume

（19）Properties（属性）：用于定义对象的特性。例如，_visible 是定义影片剪辑是否可见的属性，所有影片剪辑都有此属性。

（20）Variables（变量）：用于存放任何一种数据类型的标识符。可以定义、改变和更新变量，也可在脚本中引用变量的值。

例如，在下面的示例中，等号左侧的标识符是变量。

var x = 5;

var name = "Lolo";

var c_color = new Color(mcinstanceName);

7.1.3 "动作"面板的使用

选择"窗口 > 动作"命令，或按 F9 键，弹出"动作"面板，如图 7-26 所示。

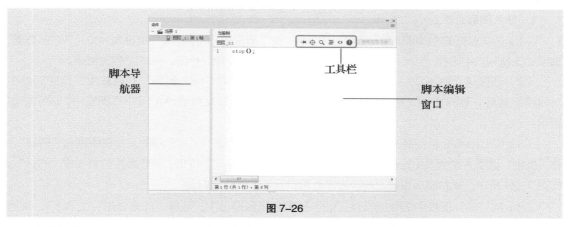

图 7-26

脚本导航器：列出了 Animate 文档中的脚本，可以快速查看这些脚本。

"固定脚本"按钮 ：可以将脚本编辑窗口中的各个脚本固定为标签，然后相应地移动它们。

"插入实例路径和名称"按钮 ：可以插入实例的路径或者实例的名称。

"查找"按钮 ：可以查找或替换脚本语言。

"设置代码格式"按钮 ：单击此按钮，可以将代码按照一定的格式进行书写。

"代码片段"按钮 ：单击该按钮，弹出"代码片段"对话框，在该对话框中可以选择常用的动作脚本语言。

"帮助"按钮 ：单击此按钮，可以打开"帮助"面板。

"使用向导添加"按钮：单击此按钮，可以使用简单易用的向导添加动作，而无须编写代码。

脚本编辑窗口：该区域主要用来编辑 ActionScript 脚本，此外也可以创建导入应用程序的外部脚本文件。在脚本编辑窗口中可直接输入代码，或单击"代码，片段"按钮 ，在弹出的"代码片段"对话框中选择脚本语言。

7.2 脚本语言

动作脚本可以将变量、函数、属性和方法组成一个整体，控制对象产生各种动画效果。

7.2.1 课堂案例——制作闹钟广告动画

【案例学习目标】使用变形工具调整图片的中心点，使用"动作"面板为图形添加脚本语言。

【案例知识要点】使用任意变形工具和"动作"面板，来完成动画效果的制作。效果如图7-27所示。

【效果所在位置】云盘/Ch07/效果/制作闹钟广告动画.fla。

扫码观看本案例视频

扫码查看扩展案例

图7-27

1. 导入图形元件

（1）在欢迎页的"详细信息"选项组中，将"宽"项设为800，"高"项设为800，"平台类型"选项的下拉列表中选择"ActionScript 3.0"选项，单击"创建"按钮，完成文档的创建。

（2）选择"文件 > 导入 > 导入到库"命令，在弹出的"导入到库"对话框中，选择云盘中"Ch07 > 素材 > 制作闹钟 > 01 ~ 04"文件，单击"打开"按钮，文件被导入到"库"面板中，如图7-28所示。

（3）按Ctrl+F8组合键，弹出"创建新元件"对话框，在"名称"项的文本框中输入"时针"，在"类型"选项下拉列表中选择"影片剪辑"选项。单击"确定"按钮，新建影片剪辑元件"时针"，如图7-29所示。舞台窗口也随之转换为影片剪辑元件的舞台窗口。

（4）将"库"面板中的位图文件"02"拖曳到舞台窗口中。选择"任意变形"工具，将时针的下端与舞台中心点对齐（在操作过程中一定要将其与中心点对齐，否则要实现的效果将不会出现），效果如图7-30所示。

图7-28　　　　　　　　　　图7-29　　　　　　　图7-30

（5）按 Ctrl+F8 组合键，新建影片剪辑元件"分针"。舞台窗口也随之转换为"分针"元件的舞台窗口。将"库"面板中的位图文件"03"拖曳到舞台窗口中，将分针的下端与舞台中心点对齐（在操作过程中一定要将其与中心点对齐，否则要实现的效果将不会出现），效果如图 7-31 所示。

（6）按 Ctrl+F8 组合键，新建影片剪辑元件"秒针"，如图 7-32 所示，舞台窗口也随之转换为"秒针"元件的舞台窗口。将"库"面板中的位图文件"04"拖曳到舞台窗口中。选择"任意变形"工具，将秒针的下端与舞台中心点对齐（在操作过程中一定要将其与中心点对齐，否则要实现的效果将不会出现），效果如图 7-33 所示。

图 7-31　　　　　　　　图 7-32　　　　　　　　图 7-33

2. 制作闹钟并添加脚本

（1）单击舞台窗口左上方的"场景 1"图标　场景 1，进入"场景 1"的舞台窗口。将"图层_1"重新命名为"底图"。将"库"面板中的位图"01"拖曳到舞台窗口的中心位置，效果如图 7-34 所示。

（2）选中"底图"图层的第 2 帧，按 F5 键，插入普通帧。在"时间轴"面板中创建新图层并将其命名为"文本框"。

（3）选择"文本"工具，在文本工具"属性"面板中进行设置，如图 7-35 所示。在舞台窗口中绘制一个文本框，如图 7-36 所示。

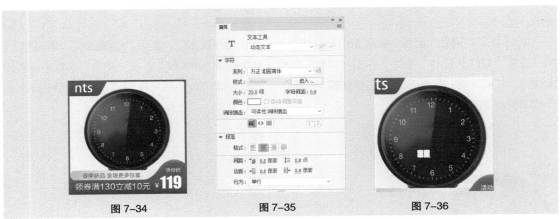

图 7-34　　　　　　　　图 7-35　　　　　　　　图 7-36

（4）选择"选择"工具，选中文本框，在文本工具"属性"面板中的"实例名称"文本框中输入"y_txt"，如图 7-37 所示。用相同的方法在适当的位置再绘制 3 个文本框，并分别在文本工具"属性"面板中的"实例名称"文本框中输入"m_txt""d_txt"和"w_txt"。舞台窗口中的效果如图 7-38 所示。

（5）在"时间轴"面板中创建新图层并将其命名为"时针"。将"库"面板中的影片剪辑元件"时针"拖曳到舞台窗口中，将其放置在表盘上的适当位置，效果如图 7-39 所示。

图 7-37　　　　　　图 7-38　　　　　　图 7-39

（6）在舞台窗口中选中"时针"实例，在实例"属性"面板中的"实例名称"文本框中输入"sz_mc"，如图 7-40 所示。在"时间轴"面板中创建新图层并将其命名为"分针"。将"库"面板中的影片剪辑元件"分针"拖曳到舞台窗口中，将其放置在表盘上的适当位置，效果如图 7-41 所示。在舞台窗口中选中"分针"实例，选择影片剪辑元件的"属性"面板，在"实例名称"选项框中输入"fz_mc"，如图 7-42 所示。

图 7-40　　　　　　图 7-41　　　　　　图 7-42

（7）在"时间轴"面板中创建新图层并将其命名为"秒针"。将"库"面板中的影片剪辑元件"秒针"拖曳到舞台窗口中，将其放置在表盘上的适当位置，效果如图 7-43 所示。在舞台窗口中选中"秒针"实例，选择影片剪辑元件的"属性"面板，在"实例名称"文本框中输入"mz_mc"，如图 7-44 所示。

（8）在"时间轴"面板中创建新图层并将其命名为"动作脚本"。选中"动作脚本"图层的第 1 帧，选择"窗口 > 动作"命令，弹出"动作"面板（其快捷键为 F9 键）。在"动作"面板中设置脚本语言，"脚本窗口"中显示的效果如图 7-45 所示。闹钟详情页主图制作完成，按 Ctrl+Enter 组合键即可查看效果。

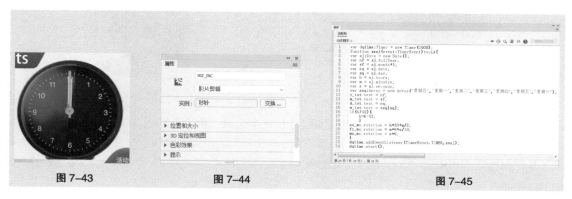

图 7-43　　　　　　图 7-44　　　　　　图 7-45

7.2.2 数据类型

数据类型描述了动作脚本的变量或元素可以包含信息的种类。动作脚本有两种数据类型：原始数据类型和引用数据类型。原始数据类型是指 String（字符串）、Number（数字型）和 Boolean（布尔型），它们拥有固定类型的值，因此可以包含它们所代表元素的实际值。引用数据类型是指影片剪辑和对象，它们值的类型是不固定的，因此它们包含对该元素实际值的引用。

下面我们就来介绍各种数据类型。

（1）String（字符串）。字符串是诸如字母、数字和标点符号等字符的序列。字符串必须用一对双引号标记。字符串被当作字符而不是变量进行处理。

例如，在下面的语句中，"L7" 是一个字符串。

favoriteBand = "L7";

（2）Number（数字型）。数字型是指数字的算术值。进行正确数学运算的值必须是数字数据类型。可以使用算术运算符加（＋）、减（－）、乘（*）、除（/）、求模（％）、递增（＋＋）和递减（－－）来处理数字，也可以使用内置的 Math 对象的方法处理数字。

例如，使用 sqrt( )（平方根）方法返回数字 100 的平方根的代码如下。

Math.sqrt(100);

（3）Boolean（布尔型）。值为 true 或 false 的变量被称为布尔型变量。动作脚本也会在需要时将值 true 和 false 转换为 1 和 0。在确定"是 / 否"的情况下，布尔型变量是非常有用的。布尔型变量在进行比较以控制脚本流的动作脚本语句中经常与逻辑运算符一起使用。

例如，在下面的脚本中，如果变量 password 为 true，则会播放该 SWF 文件。

var password:Boolean = true

fuction onClipEvent (e:Event) {

    password = true

     play( ); }

（4）Movie Clip（影片剪辑型）。影片剪辑型是 Animate 影片中可以播放动画的元件。它们是唯一引用图形元素的数据类型。Animate 中的每个影片剪辑都是一个 Movie Clip 对象，它们拥有 Movie Clip 对象中定义的方法和属性。通过点运算符（.）可以调用影片剪辑内部的属性和方法。

例如：

my_mc.startDrag(true);

parent_mc.getURL("http://www.macromedia.com/support/" + product);

（5）Object（对象型）。对象型是指所有使用动作脚本创建的基于对象的代码。对象是属性的集合，每个属性都拥有自己的名称和值，属性的值可以是任何的 Animate 数据类型，甚至可以是对象数据类型。通过点运算符可以引用对象中的属性。

例如，在下面的代码中，hoursWorked 是 weeklyStats 的属性，而后者是 employee 的属性。

employee.weeklyStats.hoursWorked

（6）Null（空值）。空值数据类型只有一个值，即 null。这意味着没有值，即缺少数据。Null 可以用在各种情况中，如作为函数的返回值、表明函数没有可以返回的值、表明变量还没有接收到值、表明变量不再包含值等。

（7）Undefined（未定义）。未定义的数据类型只有一个值，即 undefined，用于尚未分配值的变量。如果一个函数引用了未在其他地方定义的变量,那么 Animate 将返回未定义数据类型。

7.2.3　语法规则

动作脚本拥有自己的一套语法规则和标点符号。下面我们将介绍相关内容。

（1）点运算符

在动作脚本中,点（.）用于表示与对象或影片剪辑相关联的属性或方法,也可用于标识影片剪辑或变量的目标路径。点运算符表达式是以影片或对象的名称开始,中间为点运算符,最后是要指定的元素。

例如,_x 影片剪辑属性指示影片剪辑在舞台上的 X 轴位置。表达式 ballMC._x 引用影片剪辑实例 ballMC 的 _x 属性。

又例如,ubmit 是 form 影片剪辑中设置的变量,此影片剪辑嵌在影片剪辑 shoppingCart 之中。表达式 shoppingCart.form.submit = true 将实例 form 的 submit 变量设置为 true。

无论是表达对象的方法还是影片剪辑的方法,均遵循同样的模式。例如,ball_mc 影片剪辑实例的 play( ) 方法在 ball_mc 的时间轴中移动播放头,用下面的语句表示。

ball_mc.play( );

点语法还使用两个特殊别名:_root 和 _parent。别名 _root 是指主时间轴。可以使用 _root 别名创建一个绝对目标路径。例如,下面的语句调用主时间轴上影片剪辑 functions 中的函数 buildGameBoard( )。

_root.functions.buildGameBoard( );

可以使用别名 _parent 引用当前对象嵌入到的影片剪辑,也可使用 _parent 创建相对目标路径。例如,如果影片剪辑 dog_mc 嵌入影片剪辑 animal_mc 的内部,则实例 dog_mc 的如下语句会指示 animal_mc 停止。

_parent.stop( );

（2）界定符

大括号:动作脚本中的语句可被大括号包括起来组成语句块。例如:

// 事件处理函数

public Function myDate( ){

Var myDate:Date = new Date( );

currentMonth = myDate.getMMonth( );

}

分号:动作脚本中的语句可以由一个分号结束。如果在结尾处省略分号,Animate 仍然可以成功编译脚本。例如:

var column = passedDate.getDay( );

var row = 0;

圆括号:在定义函数时,任何参数定义都必须放在一对圆括号内。例如:

function myFunction (name, age, reader){

}

调用函数时,需要被传递的参数也必须放在一对圆括号内。例如:

myFunction ("Steve", 10, true);

可以使用圆括号改变动作脚本的优先顺序或增强程序的易读性。

（3）区分大小写

在区分大小写的编程语言中，仅大小写不同的变量名（如book和Book）也会被视为互不相同。Action Script 3.0中标识符区分大小写，例如，下面两条动作语句是不同的：

cat.hilite = true;

CAT.hilite = true;

对于关键字、类名、变量、方法名等，要严格区分大小写。如果关键字大小写出现错误，在编写程序时就会有错误信息提示。如果采用了彩色语法模式，那么正确的关键字将以深蓝色显示。

（4）注释

在"动作"面板中，使用注释语句可以在一个帧或者按钮的脚本中添加说明，有利于增加程序的易读性。注释语句以双斜线（//）开始，斜线显示为灰色。注释内容可以不考虑长度和语法。注释语句不会影响Animate动画输出时的文件量。例如：

```
public Function myDate( ){
// 创建新的 Date 对象
var myDate:Date = new Date( );
currentMonth = myDate.getMMonth( );
// 将月份数转换为月份名称
monthName = calcMonth(currentMonth);
year = myDate.getFullYear( );
currentDate = myDate.getDate( );
}
```

7.2.4 变量

变量是包含信息的容器。容器本身不会改变，但内容可以更改。当第一次定义变量时，最好为变量定义一个已知值，这就是初始化变量，通常在 SWF 文件的第 1 帧中完成。每一个影片剪辑对象都有自己的变量，而且不同的影片剪辑对象中的变量相互独立并互不影响。

变量中可以存储的常见信息类型包括 URL、用户名、数字运算的结果、事件发生的次数等。

为变量命名必须遵循以下规则。

（1）变量名在其作用范围内必须是唯一的。

（2）变量名不能是关键字或布尔值（true 或 false）。

（3）变量名必须以字母或下画线开始，由字母、数字、下画线组成，其间不能包含空格。变量名没有大小写的区别。

变量的范围是指变量在其中已知并且可以引用的区域，它包含 3 种类型，具体如下。

（1）本地变量：在声明它们的函数体（由大括号决定）内可用。本地变量的使用范围只限于它的代码块，会在该代码块结束时到期，其余的本地变量会在脚本结束时到期。若要声明本地变量，可以在函数体内部使用 var 语句。

（2）时间轴变量：可用于时间轴上的任意脚本。要声明时间轴变量，应在时间轴的所有帧上都初始化这些变量。应先初始化变量，然后尝试在脚本中访问它。

（3）全局变量：对于文档中的每个时间轴和范围均可见。

不论是本地变量还是全局变量，都需要使用 var 语句。

7.2.5　函数

函数是用来对常量、变量等进行某种运算的方法，如产生随机数、进行数值运算、获取对象属性等。函数是一个动作脚本代码块，它可以在影片中的任何位置上重复使用。如果将值作为参数传递给函数，则函数将对这些值进行操作。函数也可以返回值。

调用函数可以用一行代码来代替一个可执行的代码块。函数可以执行多个动作，并为它们传递可选项。函数必须要有唯一的名称，以便在代码行中可以知道访问的是哪一个函数。

Animate CC 2019 具有内置的函数，可以访问特定的信息或执行特定的任务。属于对象的函数叫方法，不属于对象的函数叫顶级函数，可以在"动作"面板的"函数"类别中找到。

每个函数都具备自己的特性，而且某些函数需要传递特定的值。如果传递的参数多于函数的需要，多余的值将被忽略；如果传递的参数少于函数的需要，空的参数会被指定为 undefined 数据类型，这在导出脚本时，可能会导致出现错误。如果要调用函数，该函数必须在播放头到达的帧中。

Animate 的动作脚本提供了自定义函数的方法，用户可以自行定义参数，并返回结果。当在主时间轴上或影片剪辑时间轴的关键帧中添加函数时，即是在定义函数。所有的函数都有目标路径。所有的函数需要在名称后跟一对括号( )，但括号中是否有参数是可选的。一旦定义了函数，就可以从任何一个时间轴中调用它，包括加载 SWF 文件的时间轴。

7.2.6　表达式和运算符

表达式是由常量、变量、函数和运算符按照运算法则组成的计算式。运算符是可以提供对数值、字符串、逻辑值进行运算的关系符号。运算符有很多种类，包括数值运算符、字符串运算符、比较运算符、逻辑运算符、位运算符和赋值运算符等。

（1）算术表达式及运算符。算术表达式是数值进行运算的表达式。它由数值、以数值为结果的函数、算术运算符组成，运算结果是数值或逻辑值。

在 Animate CC 2019 中可以使用的算术运算符如下。

+ 、 - 、 * 、 /　　　　执行加、减、乘、除运算。

= 、 <>　　　　　　比较两个数值是否相等、不相等。

< 、 <= 、 > 、 >=　比较运算符前面的数值是否小于、小于等于、大于、大于等于后面的数值。

（2）字符串表达式及运算符。字符串表达式是对字符串进行运算的表达式。它由字符串、以字符串为结果的函数、字符串运算符组成，运算结果是字符串或逻辑值。

在 Animate CC 2019 中可以参与字符串表达式的运算符如下。

&　　　　　　　　连接运算符两边的字符串。

Eq 、 Ne　　　　　判断运算符两边的字符串是否相等或不相等。

Lt 、 Le 、 Qt 、 Qe　判断运算符左边字符串的 ASCII 码是否小于、小于等于、大于、大于等于右边字符串的 ASCII 码。

（3）逻辑表达式。逻辑表达式是对正确、错误结果进行判断的表达式。它由逻辑值、以逻辑值为结果的函数、以逻辑值为结果的算术或字符串表达式和逻辑运算符组成，运算结果是逻辑值。

（4）位运算符。位运算符用于处理浮点数。运算时先将操作数转化为 32 位的二进制数，然后对每个操作数分别按位进行运算，运算后再将二进制的结果按照 Animate 的数值类型返回运算结果。

Animate 动作脚本的位运算符包括 &（位与）、/（位或）、^（位异或）、~（位非）、<<（左移位）、>>（右移位）、>>>（填 0 右移位）等。

（5）赋值运算符。赋值运算符的作用是为变量、数组元素或对象的属性赋值。

7.3　课堂练习——制作"爱上新年"公众号封面首图

【练习知识要点】使用椭圆工具和"颜色"面板，绘制雪花图形；使用"动作"面板，添加脚本语言。

【素材所在位置】云盘 /Ch07/ 素材 / 制作"爱上新年"公众号封面首图 /01。

【效果所在位置】云盘 /Ch07/ 效果 / 制作"爱上新年"公众号封面首图 .fla，如图 7-46 所示。

扫码观看
本案例视频

图 7-46

7.4　课后习题——制作情人节贺卡

【习题知识要点】使用"导入到库"命令，导入素材文件；使用"新建元件"命令和"创建传统补间"命令，制作动画效果；使用"动作"面板，添加动作脚本。

【素材所在位置】云盘 /Ch07/ 素材 / 制作情人节贺卡 /01 ~ 15。

【效果所在位置】云盘 /Ch07/ 效果 / 制作情人节贺卡 .fla，如图 7-47 所示。

图 7-47

扫码观看
本案例视频 1

扫码观看　　　扫码观看
本案例视频 2　　本案例视频 3

第 8 章

交互式动画

▶ 本章介绍

　　Animate CC 2019 的动画具有交互性，用户可以通过对按钮的控制来更改动画的播放形式。本章将介绍控制动画播放、按钮状态变化，添加控制命令的方法。读者通过学习，应了解并掌握如何实现动画的交互功能，从而实现人机交互的操作方式。

学习目标

● 掌握播放和停止动画的方法。
● 掌握按钮事件的应用。
● 了解添加控制命令的方法。

技能目标

● 掌握"风景相册"的制作方法和技巧。
● 掌握"鼠标指针跟随效果"的制作方法和技巧。

慕课视频

交互式动画

8.1 播放和停止动画

交互式动画是动画在播放时支持事件响应和交互功能的一种动画，动画在播放时不是从头播到尾，而是可以接受用户控制。Animate CC 2019 动画具有交互性，也就是用户通过菜单、按钮、键盘和文字输入等方式，可以控制动画的播放。交互是为了用户与计算机之间产生互动性，使计算机对用户的指示做出相应的反应。

8.1.1 课堂案例——制作风景相册

【案例学习目标】使用浮动面板添加动作脚本语言。

【案例知识要点】使用"导入到库"命令，导入素材文件；使用"新建元件"命令，制作图形元件和按钮元件；使用"创建传统补间"命令，制作照片浏览动画；使用"动作"面板添加脚本语言。效果如图 8-1 所示。

【效果所在位置】云盘 /Ch08/ 效果 / 制作风景相册 .fla。

图 8-1

扫码观看本案例视频

扫码查看扩展案例

1. 导入素材制作元件

（1）在欢迎页的"详细信息"选项组中，将"宽"项设为 800，"高"项设为 800，"平台类型"选项的下拉列表中选择"ActionScript 3.0"选项，单击"创建"按钮，完成文档的创建。

（2）选择"文件 > 导入 > 导入到库"命令，在弹出的"导入到库"对话框中，选择本书学习资源中的"Ch08 > 素材 > 制作风景相册 > 01 ~ 08"文件，单击"打开"按钮，文件被导入到"库"面板中，如图 8-2 所示。

（3）按 Ctrl+F8 组合键，弹出"创建新元件"对话框，在"名称"项的文本框中输入"照片"，在"类型"选项下拉列表中选择"图形"选项，如图 8-3 所示。单击"确定"按钮，新建图形元件"照片"，如图 8-4 所示。舞台窗口也随之转换为图形元件的舞台窗口。

图 8-2 图 8-3 图 8-4

（4）分别将"库"面板中的位图"04""05""06""07""08"拖曳到舞台窗口中的适当的位置，如图 8-5 所示。选择"选择"工具 ，将舞台窗口中的对象全部选中，如图 8-6 所示。

图 8-5

图 8-6

（5）按 Ctrl+G 组合键，将其编组，效果如图 8-7 所示。按住 Alt+Shift 组合键的同时，将组合对象向右拖曳到适当的位置，复制图像，效果如图 8-8 所示。

图 8-7

图 8-8

（6）按 Ctrl+F8 组合键，弹出"创建新元件"对话框，在"名称"项的文本框中输入"播放"，在"类型"选项下拉列表中选择"按钮"选项。单击"确定"按钮，新建按钮元件"播放"，如图 8-9 所示。舞台窗口也随之转换为按钮元件的舞台窗口。

（7）将"库"面板中的图形元件"02"拖曳到舞台窗口中，如图 8-10 所示。选中"图层 _1"的"指针经过"帧，按 F6 键，插入关键帧。在舞台窗口中选中"02"实例，在图形"属性"面板中，选择"色彩效果"选项组，在"样式"选项的下拉列表中选择"色调"选项，将"着色"设为橙黄色（#FFCC00），"着色量"设为 100，如图 8-11 所示。舞台窗口中的效果如图 8-12 所示。

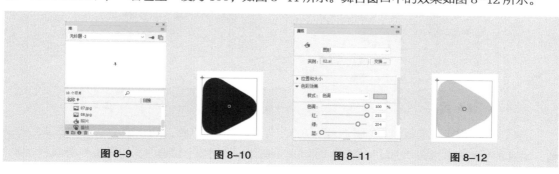

图 8-9   图 8-10   图 8-11   图 8-12

（8）用鼠标右键单击"库"面板中的按钮元件"播放"，在弹出的菜单中选择"直接复制元件"命令，弹出"直接复制元件"对话框，在"名称"文本框中输入"停止"。单击"确定"按钮，创建按钮元件"停止"，如图8-13所示。

（9）双击"库"面板中的按钮元件"停止"进入到舞台窗口中。选中"图层 _1"的"弹起"帧，在舞台窗口中选中"02"实例，在实例"属性"面板中，单击"交换"按钮 交换... ，弹出"交换元件"对话框，在列表中选择"03"文件，如图8-14所示。单击"确定"按钮，效果如图8-15所示。用相同的方法设置"图层 _1"的"指针经过"帧，效果如图8-16所示。

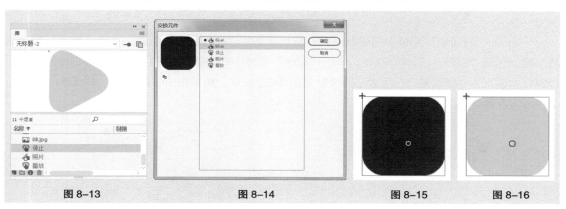

图 8-13　　　　　　　　　図 8-14　　　　　　　　図 8-15　　　　図 8-16

2．制作场景动画

（1）单击舞台窗口左上方的"场景1"图标 场景 1，进入"场景1"的舞台窗口。将"图层 _1"重新命名为"底图"。将"库"面板中的位图"01"拖曳到舞台窗口的中心位置，如图8-17所示。选中"底图"图层的第300帧，按F5键，插入普通帧。

（2）在"时间轴"面板中创建新图层并将其命名为"照片"。将"库"面板中的图形元件"照片"拖曳到舞台窗口中，并放置在适当的位置，如图8-18所示。

（3）选中"照片"图层的第300帧，按F6键，插入关键帧。将舞台窗口中的"照片"实例水平向左拖曳到适当的位置，如图8-19所示。用鼠标右键单击"照片"图层的第1帧，在弹出的菜单中选择"创建传统补间"命令，生成传统补间动画。

图 8-17　　　　　　　　　图 8-18　　　　　　　　图 8-19

（4）在"时间轴"面板中创建新图层并将其命名为"按钮"。分别将"库"面板中的按钮元件"播放"和"停止"拖曳到舞台窗口中，并放置在适当的位置，如图8-20所示。

（5）选中舞台窗口中的"播放"实例，在实例"属性"面板中的"实例名称"文本框中输入"start_Btn"，如图8-21所示。选中舞台窗口中的"停止"实例，在实例"属性"面板中的"实例名称"文本框中输入"stop_Btn",如图 8-22 所示。

图 8-20   图 8-21   图 8-22

（6）在"时间轴"面板中创建新图层并将其命名为"动作脚本"。选中"动作脚本"图层的第 1 帧，选择"窗口 > 动作"命令，弹出"动作"面板（其快捷键为 F9 键）。在"动作"面板中设置脚本语言，"脚本窗口"中显示的效果如图 8-23 所示。风景相册制作完成，按 Ctrl+Enter 组合键即可查看效果，如图 8-24 所示。

图 8-23   图 8-24

8.1.2   播放和停止动画

控制动画的播放和停止所使用的动作脚本如下。

（1）stop()：用于在此帧进行停止。

例如：

stop();

（2）gotoAndStop()：用于转到某帧并停止播放。

例如：

stop_Btn.addEventListener(MouseEvent.CLICK,nowstop);

function nowstop(event:MouseEvent):void{

gotoAndStop(2);

}

（3）gotoAndPlay()：用于转到某帧并开始播放。

例如：

start_Btn.addEventListener(MouseEvent.CLICK,nowstart);

function nowstart(event:MouseEvent):void{

gotoAndPlay(2);

}

（4）addEventListener()：用于添加事件的方法。

例如：

所要接收事件的对象 .addEventListener(事件类型、事件名称、事件响应函数的名称)；

{

// 此处是为响应的事件所要执行的动作

}

选择"文件 > 打开"命令，在弹出的"打开"对话框中，选择云盘中的"基础素材 > Ch08 > 01"文件，单击"打开"按钮打开文件，如图 8-25 所示。

在"时间轴"面板中创建新图层并将其命名为"按钮"，如图 8-26 所示。分别将"库"面板中的按钮元件"播放"和"停止"拖曳到舞台窗口中，并放置在适当的位置，如图 8-27 所示。

图 8-25　　　　　　　　　图 8-26　　　　　　　　　图 8-27

选择"选择"工具 ▶，在舞台窗口中选中"播放"按钮实例，在"属性"面板中，将"实例名称"设为 start_Btn，如图 8-28 所示。用相同的方法将"停止"按钮实例的"实例名称"设为 stop_Btn，如图 8-29 所示。

图 8-28　　　　　　　　　　　　　　图 8-29

在"时间轴"面板中创建新图层并将其命名为"动作脚本"。选择"窗口 > 动作"命令，弹出"动作"面板，在"动作"面板中设置脚本语言，"脚本窗口"中显示的效果如图 8-30 所示。设置完成动作脚本后，关闭"动作"面板。在"动作脚本"图层中的第 1 帧上显示出一个标记"a"，如图 8-31 所示。

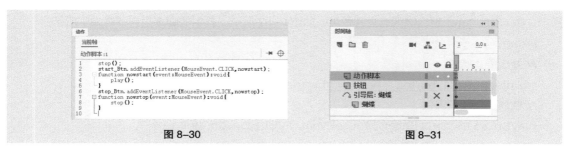

图 8-30　　　　　　　　　　　　　　图 8-31

按 Ctrl+Enter 组合键，查看动画效果。当单击播放按钮时，动画开始播放，如图 8-32 所示；单击停止按钮后，动画将停止播放，如图 8-33 所示。

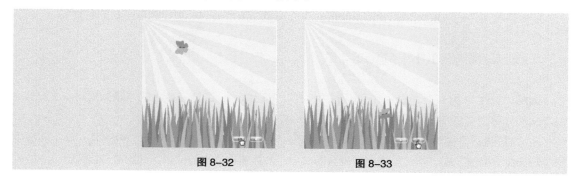

图 8-32   图 8-33

8.1.3　按钮事件

选择"文件 > 打开"命令，在弹出的"打开"对话框中，选择云盘中的"基础素材 > Ch08 > 02"文件，单击"打开"按钮打开文件，如图 8-34 所示。按 Ctrl+L 组合键，弹出"库"面板。用鼠标右键单击按钮元件"按钮"，在弹出的菜单中选择"属性"命令，弹出"元件属性"对话框。勾选"为 ActionScript 导出"复选框，在"类"文本框中输入类名称"playbutton"，如图 8-35 所示。单击"确定"按钮。

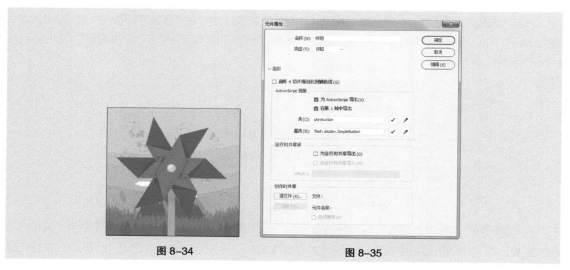

图 8-34   图 8-35

在"时间轴"面板中创建新图层并将其命名为"动作脚本"。选择"窗口 > 动作"命令，弹出"动作"面板（其快捷键为 F9 键）。在"脚本窗口"中输入脚本语言，"动作"面板中的效果如图 8-36 所示。按 Ctrl+Enter 组合键即可查看效果，如图 8-37 所示。其中的脚本语言解释如下所示。

stop();

// 处于静止状态

var playBtn:playbutton = new playbutton();

// 创建一个按钮实例

playBtn.addEventListener(MouseEvent.CLICK, handleClick);

// 为按钮实例添加监听器

var stageW=stage.stageWidth；

var stageH=stage.stageHeight；

// 依据舞台的宽和高

playBtn.x=stageW/1.2；

playBtn.y=stageH/1.2；

this.addChild(playBtn)；

// 添加按钮到舞台中，并将其放置在舞台的左下角（"stageW/1.2" "stageH/1.2" 宽和高在 X 轴和 Y 轴的坐标）

function handleClick(event:MouseEvent) {

gotoAndPlay(2)；

}

// 单击按钮时跳到下一帧并开始播放动画

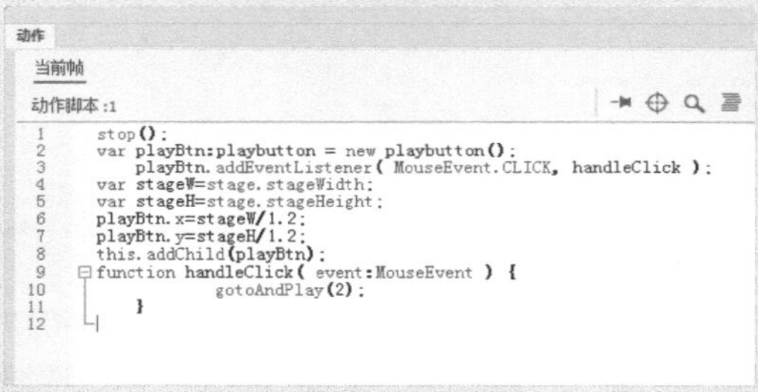

图 8-36 　　　　　　　　　　　　　　图 8-37

8.2　按钮事件及添加控制命令

按钮是交互动画的常用控制元件，可以利用按钮来控制和影响动画的播放，实现页面的链接、场景的跳转等功能。可以通过添加控制命令制作出特效跟随鼠标指针动的动画效果。

8.2.1　课堂案例——制作鼠标指针跟随效果

【案例学习目标】使用绘图工具、文本工具和浮动面板制作动画效果。

【案例知识要点】使用椭圆工具、渐变变形工具、"变形"面板和"颜色"面板，绘制星星图形；使用"动作"面板，添加动作脚本语言。效果如图 8-38 所示。

【效果所在位置】云盘 /Ch08/ 效果 / 制作鼠标指针跟随效果 .fla。

图 8-38

扫码观看本案例视频

扫码查看扩展案例

1. 绘制星星

（1）在欢迎页的"详细信息"选项组中，将"宽"项设为800，"高"项设为565，"平台类型"选项的下拉列表中选择"ActionScript 3.0"选项，单击"创建"按钮，完成文档的创建。按Ctrl+J组合键，弹出"文档设置"对话框，将"舞台颜色"设为黄色粉色（#FF33CC），单击"确定"按钮，完成舞台颜色的修改。

（2）按Ctrl+F8组合键，弹出"创建新元件"对话框，在"名称"项的文本框中输入"星星"，在"类型"选项下拉列表中选择"影片剪辑"选项，如图8-39所示。单击"确定"按钮，新建影片剪辑元件"星星"，如图8-40所示。舞台窗口也随之转换为影片剪辑元件的舞台窗口。

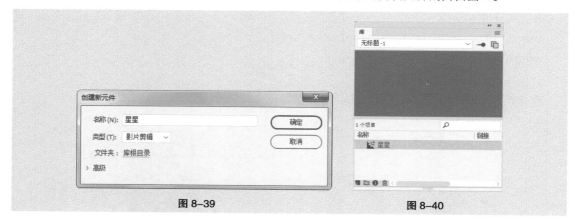

图 8-39　　　　　　　　　　　　　　　图 8-40

（3）将"图层_1"重命名为"星星"。选择"椭圆"工具，在工具箱中将"笔触颜色"设为无，"填充颜色"设为白色。在舞台窗口中绘制一个椭圆形，如图8-41所示。选择"选择"工具，选中白色椭圆，如图8-42所示。

（4）选择"窗口 > 颜色"命令，弹出"颜色"对话框。单击"笔触颜色"按钮，将其设为无。单击"填充颜色"按钮，在"类型"选项的下拉列表中选择"径向渐变"，在色带上设置3个控制点。选中色带上左侧的色块，将其设为白色，并将"A"项设为20。选中色带上中间的色块，将其设为白色。选中色带上右侧的色块，也将其设为白色，并将"A"项设为0，生成渐变色，如图8-43所示，效果如图8-44所示。

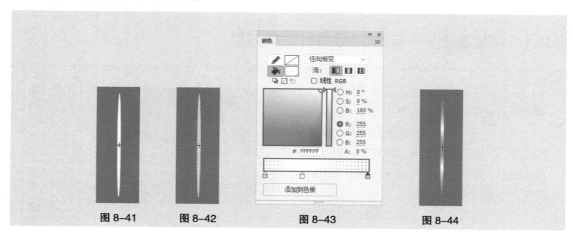

图 8-41　　　图 8-42　　　　　　图 8-43　　　　　　图 8-44

（5）选择"渐变变形"工具，用鼠标单击渐变圆，出现4个控制点和1个圆形外框，如

图 8-45 所示。将鼠标指针放置在图 8-46 所示的位置，单击鼠标并向左拖曳到适当的位置，调整渐变的过渡效果，如图 8-47 所示。

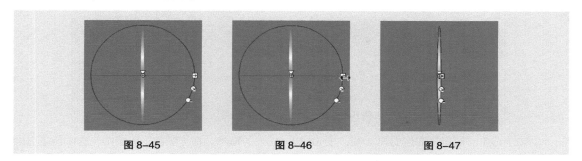

图 8-45　　　　　　　　图 8-46　　　　　　　　图 8-47

（6）在"时间轴"面板中单击"星星"图层，将该层中的对象全部选中，如图 8-48 所示。按 Ctrl+T 组合键，弹出"变形"面板，单击"重制选区和变形"按钮 ，复制图形，将"旋转"项设为 90，如图 8-49 所示，效果如图 8-50 所示。

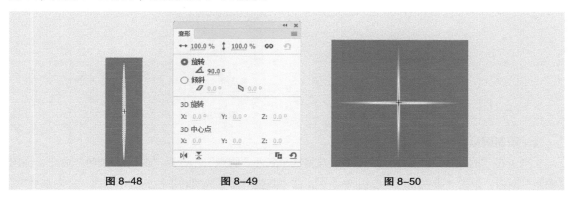

图 8-48　　　　　　　　图 8-49　　　　　　　　图 8-50

（7）在"时间轴"面板中单击"星星"图层，将该层中的对象全部选中，如图 8-51 所示。单击"变形"面板下方的"重制选区和变形"按钮 ，复制图形，将"缩放宽度"项和"缩放高度"项均设为 70，"旋转"项设为 45，如图 8-52 所示，效果如图 8-53 所示。

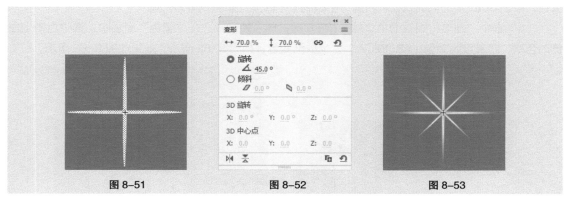

图 8-51　　　　　　　　图 8-52　　　　　　　　图 8-53

（8）选中"星星"图层的第 2 帧，按 F6 键，插入关键帧。在"颜色"面板中，选中色带上中间的色块，将其设为黄色（#E9FF1A），生成渐变色，如图 8-54 所示，效果如图 8-55 所示。

（9）选中"星星"图层的第 3 帧，按 F6 键，插入关键帧。在"颜色"面板中，选中色带上中间的色块，将其设为绿色（#1DEB1D），生成渐变色，如图 8-56 所示，效果如图 8-57 所示。

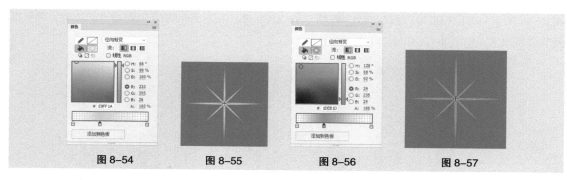

图 8-54 　　　　　 图 8-55 　　　　　 图 8-56 　　　　　 图 8-57

（10）选中"星星"图层的第 4 帧，按 F6 键，插入关键帧。在"颜色"面板中，选中色带上中间的色块，将其设为红色（#FF1111），生成渐变色，如图 8-58 所示，效果如图 8-59 所示。

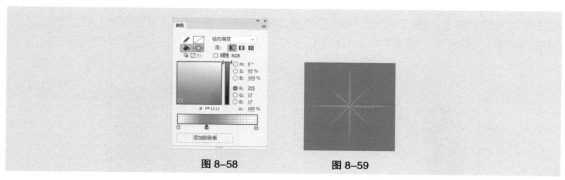

图 8-58 　　　　　　　　　 图 8-59

2. 绘制圆形

（1）在"时间轴"面板中创建新图层并将其命名为"圆点"。选择"窗口 > 颜色"命令，弹出"颜色"面板，单击"填充颜色"按钮 🖼 🔲 ，在"颜色类型"选项的下拉列表中选择"径向渐变"，在色带上将左边的颜色控制点设为白色，将右边的颜色控制点设为白色，并将"A"项设为 0%，生成渐变色，如图 8-60 所示。

（2）选择"椭圆"工具 ⬭ ，在工具箱中将"笔触颜色"设为无，"填充颜色"设为刚设置的渐变色，按住 Shift 键的同时，在舞台窗口中绘制一个圆形，如图 8-61 所示。

（3）选中"圆点"图层的第 2 帧，按 F6 键，插入关键帧。在"颜色"面板中，选中色带上左侧的色块，将其设为黄色（#E9FF1A），生成渐变色，如图 8-62 所示，效果如图 8-63 所示。

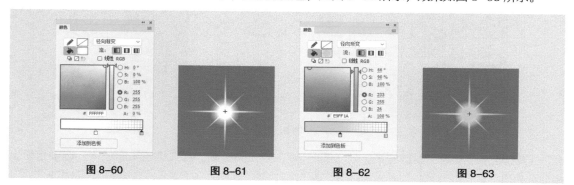

图 8-60 　　　　　 图 8-61 　　　　　 图 8-62 　　　　　 图 8-63

（4）选中"圆点"图层的第 3 帧，按 F6 键，插入关键帧。在"颜色"面板中，选中色带上左侧的色块，将其设为绿色（#1DEB1D），生成渐变色，如图 8-64 所示，效果如图 8-65 所示。

（5）选中"圆点"图层的第4帧，按F6键，插入关键帧。在"颜色"面板中，选中色带上左侧的色块，将其设为红色（#FF1111），生成渐变色，如图8-66所示，效果如图8-67所示。

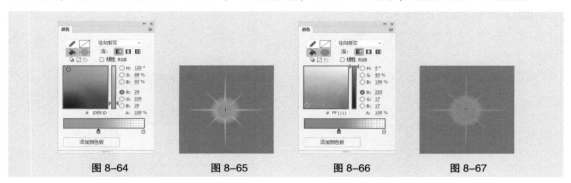

图 8-64   图 8-65   图 8-66   图 8-67

（6）在"时间轴"面板中创建新图层并将其命名为"动作脚本"。选中"动作脚本"图层的第1帧，选择"窗口 > 动作"命令，弹出"动作"面板（其快捷键为F9键）。在"动作"面板中设置脚本语言，"脚本窗口"中显示的效果如图8-68所示。

（7）单击舞台窗口左上方的"场景1"图标<!-- 场景 1 -->，进入"场景1"的舞台窗口。将"图层_1"重新命名为"底图"，如图8-69所示。按Ctrl+R组合键，弹出"导入"对话框，在对话框中选择云盘中的"Ch08 > 素材 > 制作鼠标指针跟随效果 > 01"文件，单击"打开"按钮，将文件导入到舞台窗口中，并将其拖曳到舞台中心的位置，效果如图8-70所示。

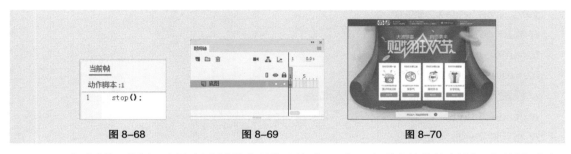

图 8-68   图 8-69   图 8-70

（8）在"库"面板中，用鼠标右键单击影片元件"星星"，在弹出的菜单中选择"属性"命令，弹出"元件属性"对话框，勾选"为ActionScript导出"复选框，在"类"文本框中输入类名称"star"，如图8-71所示。单击"确定"按钮，"库"面板中的效果如图8-72所示。

图 8-71   图 8-72

（9）在"时间轴"面板中创建新图层并将其命名为"动作脚本"。在"动作"面板中设置脚本语言，"脚本窗口"中显示的效果如图 8-73 所示。鼠标指针跟随效果制作完成，按 Ctrl+Enter 组合键即可查看效果，如图 8-74 所示。

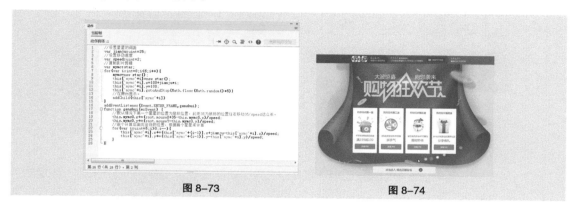

图 8-73   图 8-74

8.2.2　添加鼠标指针跟随的控制命令

控制鼠标指针跟随所使用的脚本如下。

root.addEventListener(Event.ENTER_FRAME, 元件实例);

function 元件实例 (e : Event) {

var h : 元件 = new 元件 ();

// 添加一个元件实例

h.x=root.mouseX;

h.y=root.mouseY;

// 设置元件实例在 X 轴和 Y 轴的坐标位置

root.addChild(h);

// 将元件实例放入场景

}

选择"文件 > 打开"命令，在弹出的"打开"对话框中，选择云盘中的"基础素材 > Ch08 > 03"文件，单击"打开"按钮打开文件，如图 8-75 所示。在"库"面板中用鼠标双击影片剪辑元件"矩形动"，进入到舞台窗口中。

在"时间轴"面板中创建新图层并将其命名为"动作脚本"。选中"动作脚本"图层的第 20 帧，按 F6 键，在该帧上插入关键帧。选择"窗口 > 动作"命令，弹出"动作"面板（其快捷键为 F9 键）。在"脚本窗口"中输入脚本语言，"动作"面板中的显示效果如图 8-76 所示。

图 8-75   图 8-76

单击舞台窗口左上方的"场景 1"图标 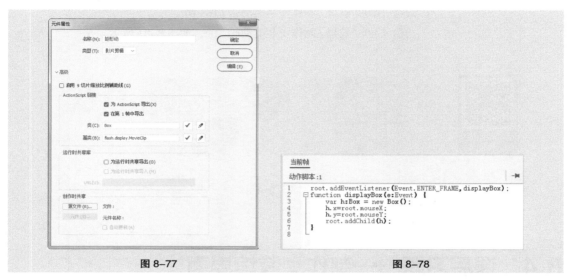 场景 1，进入"场景 1"的舞台窗口。用鼠标右键单击"库"面板中的影片剪辑元件"矩形动"，在弹出的菜单中选择"属性"命令，弹出"元件属性"对话框，勾选"为 ActionScript 导出"复选框，在"类"文本框中输入类名称"Box"，如图 8-77 所示。单击"确定"按钮。

在"时间轴"面板中创建新图层并将其命名为"动作脚本"。选择"动作"面板，在"脚本窗口"中输入脚本语言，"动作"面板中的效果如图 8-78 所示。

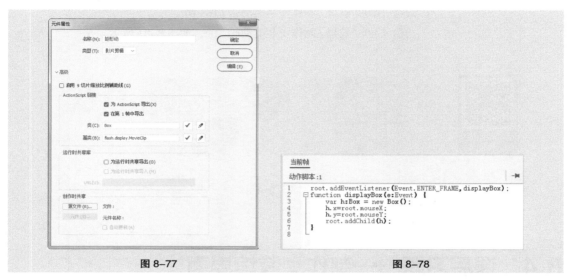

图 8-77　　　　　　　　　　　　　　　图 8-78

选择"文件 > ActionScript 设置"命令，弹出"高级 ActionScript 3.0 设置"对话框，在对话框中单击"严谨模式"选项前的复选框，去掉该选项的勾选，如图 8-79 所示。单击"确定"按钮。鼠标指针跟随效果制作完成，按 Ctrl+Enter 组合键即可查看效果，如图 8-80 所示。

图 8-79　　　　　　　　　　　　　　　图 8-80

8.3 课堂练习——制作女装类动画

【练习知识要点】使用"新建元件"命令，创建图形元件和按钮元件；使用文本工具，输入文字；使用矩形工具，绘制矩形图形。

【素材所在位置】云盘 /Ch08/ 素材 / 制作女装类动画 /01 ~ 07。

【效果所在位置】云盘 /Ch08/ 效果 / 制作女装类动画 .fla，如图 8-81 所示。

图 8-81

8.4 课后习题——制作女装馆界面

【习题知识要点】使用"导入到库"命令，导入素材；使用"新建元件"命令，制作按钮元件。

【素材所在位置】云盘 /Ch08/ 素材 / 制作女装馆界面 /01 ~ 09。

【效果所在位置】云盘 /Ch08/ 效果 / 制作女装馆界面 .fla，如图 8-82 所示。

图 8-82

第 9 章

商业案例

▶ 本章介绍

　　本章的综合设计实训案例，是根据商业动画设计项目真实情境来训练学生利用所学知识完成相应的设计项目。通过多个动画设计项目案例的演练，使学生进一步掌握 Animate CC 2019 的强大制作功能和使用技巧，并应用所学技能制作出专业的动画设计作品。

学习目标

- 使用传统补间命令制作传统补间动画。
- 使用文本工具和任意变形工具制作文字变形效果。
- 元件的创建及应用。
- 运用"动作"面板添加动作脚本。

慕课视频

商业案例

技能目标

- 掌握社交媒体动图设计——制作教师节小动画案例设计制作。
- 掌握动态海报设计——制作节日类动态海报案例设计制作。
- 掌握电商广告设计——制作女鞋类电商广告案例设计制作。
- 掌握节目片头设计——制作音乐节目片头案例设计制作。

09

9.1 社交媒体动图设计——制作教师节小动画

9.1.1 项目背景

1. 客户名称

Circle

2. 客户需求

Circle 是一个以文字、图片、视频等多媒体形式，实现信息即时分享、传播互动的平台。在教师节来临之际，需要为平台制作一款动态宣传海报，要求能够适用于平台头图传播。海报应以感恩教师节为主要内容，要求内容明确清晰，展现品牌品质。

9.1.2 设计要求

（1）海报要求以黄色作为主体颜色，给人温馨细腻的感受。

（2）设计形式要简洁明晰，能表现宣传主题。

（3）设计风格具有特色，能够引起读者共鸣和观看兴趣。

（4）设计规格均为 900 像素（宽）×500 像素（高）。

9.1.3 项目设计

本案例设计效果如图 9-1 所示。

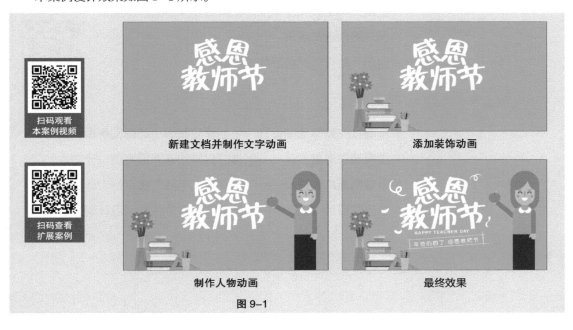

扫码观看
本案例视频

扫码查看
扩展案例

新建文档并制作文字动画 　　　　　　添加装饰动画

制作人物动画 　　　　　　最终效果

图 9-1

Animate CC 2019核心应用案例教程（全彩慕课版）

9.1.4   项目要点

使用"新建元件"命令和文本工具，制作文字图形元件；使用"时间轴"面板、任意变形工具和"变形"面板，制作人物动画效果；使用"动画预设"面板，制作文字动画效果；使用"创建传统补间"命令，制作补间动画；使用"属性"面板，改变元件的颜色使标志产生阴影效果。

9.2   动态海报设计——制作节日类动态海报

9.2.1   项目背景

1. 客户名称

创维有限公司

2. 客户需求

创维有限公司是一家电商用品零售企业，贩售平整式包装的家具、配件、浴室和厨房用品等。现因春节即将来临，公司需要制作一款动态海报，用于线上传播，以便与合作伙伴以及公司员工联络感情和互致问候。要求动态海报具有温馨的祝福语言、浓郁的民俗色彩，以及传统的节日特色，能够充分表达本公司的祝福与问候。

9.2.2   设计要求

（1）动态海报要求运用传统民俗的风格，既传统又具有现代感。

（2）使用具有春节特色的元素装饰画面，营造热闹的气氛。

（3）整体运用红色烘托节日氛围。

（4）设计规格均为 1242 像素（宽）×2208 像素（高）。

9.2.3   项目设计

本案例设计流程如图 9-2 所示。

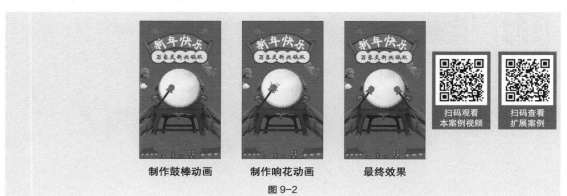

制作鼓棒动画   制作响花动画   最终效果

图 9-2

9.2.4　项目要点

使用"导入到库"命令，导入素材文件；使用"转换为元件"命令，将图像转换为图形元件；使用"变形"面板、"属性"面板和"创建传统补间"命令，制作敲鼓动画。

9.3　电商广告设计——制作女鞋类电商广告

9.3.1　项目背景

1. 客户名称

Charming

2. 客户需求

Charming 是一家生产经营各类皮件商品的公司，包括各式皮包、男女装、皮鞋等。Charming 多年来一直坚持自己的品牌精神，给顾客提供个性化的产品。现公司推出新款女士皮鞋，需要制作一款全新的网店首页海报，要求起到宣传公司新产品的作用，向客户传递出清新和活力感。

9.3.2　设计要求

（1）将装饰元素与新产品巧妙结合，突出产品的优点。

（2）画面包含新产品，但不能喧宾夺主。

（3）色彩运用自然和谐、明亮清新。

（4）设计具有简洁、时尚和雅致的艺术风格。

（5）设计规格均为 1920 像素（宽）×700 像素（高）。

9.3.3　项目设计

本案例设计流程如图 9-3 所示。

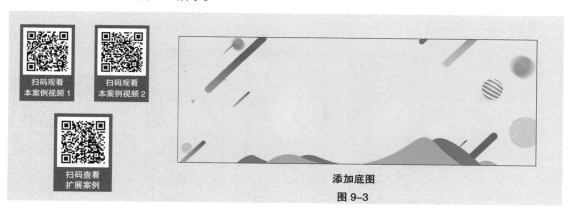

扫码观看
本案例视频1

扫码观看
本案例视频2

扫码查看
扩展案例

添加底图

图 9-3

制作文字动画

制作鞋子动画

初春新品

299立减30

活动时间：3月1号-3月7日

最终效果

图9-3（续）

9.3.4 项目要点

使用"导入到库"命令和"新建元件"命令，导入素材并制作图形元件；使用"文本"工具，输入文本信息；使用"创建传统补间"命令，制作补间动画效果；使用"属性"面板，设置实例的不透明度及动画的旋转角度。

9.4 节目片头设计——制作音乐节目片头

9.4.1 项目背景

1. 客户名称

《你我来说唱》节目组

2. 客户需求

《你我来说唱》是一款青年说唱类音乐节目，旨在传播年轻人的文化态度和主张，重视理念的传达和交互，是一档以年轻人群体作为收视主体的网络综艺节目。现要为其设计节目片头，要求以视听合一的形式概括与表现节目内容，直观地体现主题思想且形式创新。

9.4.2 设计要求

（1）要求使用卡通画的形式进行制作，使画面活泼生动。

（2）将节目特点及要素提炼概括，在片头中进行体现并点缀画面。

（3）色彩要求使用激情、奔放、斗志昂扬的红色调，符合节目特点。

（4）图文搭配合理、主次分明，视觉流程明确。

（5）设计规格均为 800 像素（宽）×600 像素（高）。

9.4.3 项目设计

本案例设计流程如图 9-4 所示。

制作画面 1　　　　制作画面 2

制作画面 3

图 9-4

9.4.4 项目要点

使用"导入到库"命令和"新建元件"命令，导入素材并制作图形元件；使用"新建元件"命令，制作影片剪辑元件；使用"时间轴"面板，控制画面的出场时间。

9.5 课堂练习——制作豆浆机广告

9.5.1 项目背景

1. 客户名称

阳澄

2. 客户需求

阳澄是一家专注于在豆浆机领域发展的公司。为了让豆浆更能满足现代人的口味，阳澄公司还专门成立了营养研究部，仅大豆样品就有数十个品种，对于不同大豆的口感、营养价值都有试验。公司现推出新款智能温控豆浆机，要求制作一款宣传广告，设计要求突出产品易操作、显示清晰的特点。

9.5.2 设计要求

（1）广告要求具有动感，展现鲜磨豆浆的特点。
（2）使用原材料当作背景，烘托气氛，表现出豆浆机的健康品质。
（3）要求搭配磨好的豆浆，使画面更加丰富。
（4）整体风格要求具有感染力，体现阳澄豆浆的特色与品质。
（5）设计规格均为 800 像素（宽）×500 像素（高）。

9.5.3 项目设计

本案例设计效果如图 9-5 所示。

图 9-5

9.5.4 项目要点

使用"导入"命令，导入素材文件；使用"创建元件"命令，将导入的素材制作成图形元件；使用文字工具，输入广告语文本；使用"分离"命令，将输入的文字进行打散处理；使用"创建传统补间"命令，制作补间动画效果；使用"动作脚本"命令，添加动作脚本。

9.6 课后习题——制作空调扇广告

9.6.1 项目背景

1. 客户名称

戴森尔

2. 客户需求

戴森尔是一家专业的家电研发销售企业，拥有雄厚的技术实力。公司现推出一款新型变频空调扇，要求进行广告设计，用于平台宣传及推广，设计要符合现代设计风格，给人沉稳干净的印象。

9.6.2 设计要求

（1）画面设计要求以产品图片为主体。

（2）要求使用直观醒目的文字来诠释广告内容，表现产品特色。

（3）画面色彩要给人清新干净的印象。

（4）画面版式沉稳且富于变化。

（5）设计规格均为 1920 像素（宽）×800 像素（高）。

9.6.3 项目设计

本案例设计效果如图 9-6 所示。

图 9-6

9.6.4 项目要点

使用"导入到库"命令，导入素材；使用"新建元件"命令和文本工具，制作图形元件；使用"分散到图层"命令，制作功能动画；使用"创建传统补间"命令，制作补间动画；使用"属性"面板，调整实例的透明度。